活用蔬菜 速簡料理

殺！

野菜たっぷり
大量消費レシピ304

序

「高麗菜除了拿來炒，還可以怎麼煮呢？」

「想買菜，可是不知道怎麼挑選才好！」

「冰箱裡的菜放沒幾天就爛掉了，怎麼辦！」

你也有關於蔬菜的烹調、選購或保存的問題嗎？

運用本書就能一次解決！

本書教你如何用最常見的20種蔬菜，變化出304道美味家常菜。

即使是相同的蔬菜，只要稍加改變調味或是料理方式，

就能做出千變萬化的食譜，

包含主食（蔬菜搭配麵飯）、主菜（蔬菜搭配肉類）、

配菜和常備菜（小菜、湯品、沙拉、炸物、點心等），怎麼吃都不會膩，

也因為每道料理都含有豐富的蔬菜，能讓全家人吃得更健康！

此外，關於「怎麼挑選青菜」、「青菜的保存方法」等，也都能在這裡找到解答。

這本書出版後，我常常收到像是：

「蔬菜原來可以這麼好吃！」、「竟然有這樣的蔬菜料理啊！」、

「這樣蔬菜就不會很快壞掉了！」等迴響。

書中還有許多會讓你感到吃驚、「原來這個部位也可以做成料理」等

不浪費食材的料理方式。

那麼，請務必親自體驗活用蔬菜的料理樂趣與美味！

contents

◎料理標示：●主食 ●主菜 ●配菜 ●常備菜

本書使用方式

美味蔬菜的挑選方法

介紹挑選蔬菜的重點。

大量使用的祕訣

分享能大量使用這項蔬菜的料理方法。

保存方法

標示「常溫」、「冷藏」、「冷凍」的保存方法及保存期限。保存期限會因保存狀態而異，請以標示的天數為基準。

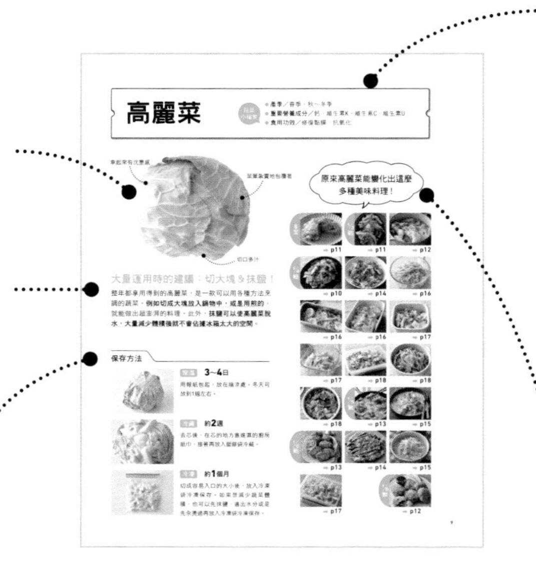

蔬菜小檔案

包括此蔬菜的「產季」、「重要營養成分」、「食用功效」。

- 產季：此蔬菜最美味的時期。
- 重要營養成分：此蔬菜的特色營養成分。
- 食用功效：食用此蔬菜可獲得的效果，但會因每個人的體質、身體狀況而異，所以並不是絕對能獲得這些效果。

使用分量索引

標示各道料理所使用的蔬菜分量。可以立刻依照想使用的量選擇要烹調的菜色。

料理的分類

將料理分為「主食」、「主菜」、「配菜」、「常備菜」四大類，一眼就明瞭。

蔬菜用量

大字標示這道料理的蔬菜使用量。

烹調時間、保存時間、是否能用冷凍蔬菜烹調

標示有「烹調時間」「冷藏保存」「冷凍保存」「冷凍蔬菜OK」的圖示。

烹調時間 表示需要多少時間完成這道菜。其中不含醃漬、靜置時間，以及米的吸水時間。

冷藏保存 表示可冷藏保存的基本天數。

冷凍保存 表示可冷凍保存的基本天數。

冷凍蔬菜OK 表示這道料理可以利用冷凍蔬菜來製作。

本書原則

- 1大匙=15ml，1小匙=5ml，1杯=200ml，1合=180ml，以上皆是粉末狀的計量單位。「一撮」指的是以大拇指、食指和中指這三根指頭抓起的分量，約是⅙～⅕小匙的量，但不到⅕小匙。
- 沒有特別標示時，醬油指的是濃口醬油，鹽指的是天然鹽，砂糖是上白糖，味噌用的是信州味噌，橄欖油用的是特級初榨橄欖油，鮮奶油用的是45%脂肪含量的動物性鮮奶油，奶油用的是有鹽奶油，黑胡椒用的是粗黑胡椒粉，番茄罐頭則是切丁番茄罐頭。
- 高湯是從昆布、柴魚片、小魚乾萃取出來的。也可用市售的高湯塊或高湯包代替。
- 微波爐用的是600W，如果家裡是500W的微波爐，就用1.2倍的微波時間，700W的就乘以0.8倍的微波時間。
- 蔬菜類如無特別標示，皆是完成清洗、削皮、去蒂頭或去籽等的順序之後來加以說明烹調步驟。
- 烤箱、烤麵包用的小烤箱、微波爐、烤魚機等，因機器種類不同，加熱程度也會不一樣。請邊做邊看邊調整。
- 鋁箔紙請選用不會燒焦的，紙巾請使用廚房紙巾。
- 標示的冷藏、冷凍的保存期限皆是基本天數。保存料理時，請確實放涼後再以乾淨的乾筷子或湯匙裝入乾淨的容器中保存。

高麗菜

- 產季／春季、秋～冬季
- 重要營養成分／鈣、維生素K、維生素C、維生素U
- 食用功效／修復黏膜、抗氧化

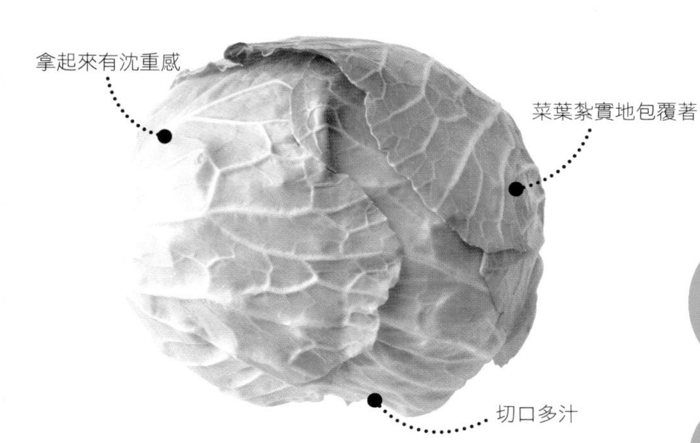

大量運用時的建議：切大塊＆抹鹽！

整年都享用得到的高麗菜，是一款可以用各種方法烹調的蔬菜。**例如切成大塊放入鍋物中，或是用煎的，**就能做出超澎湃的料理。此外，**抹鹽可以使高麗菜脫水，大量減少體積後就不會佔據冰箱太多的空間**。

保存方法

常溫 **3～4日**

用報紙包起，放在陰涼處。冬天可放到1週左右。

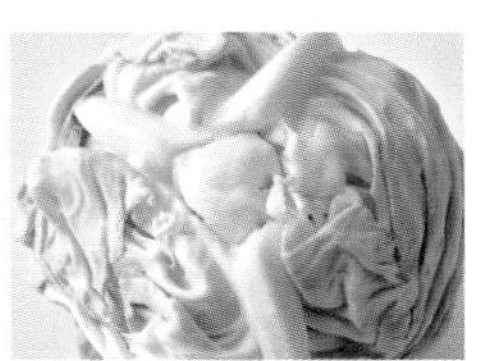

冷藏 **約2週**

去芯後，在芯的地方塞進濕的廚房紙巾，接著再放入塑膠袋冷藏。

冷凍 **約1個月**

切成容易入口的大小後，放入冷凍袋冷凍保存。如果想減少蔬菜體積，也可以先抹鹽、逼出水分或是先汆燙過再放入冷凍袋冷凍保存。

原來高麗菜能變化出這麼多種美味料理！

➡ p11

➡ p11

➡ p12

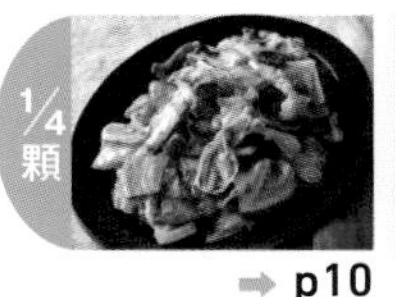

➡ p10

➡ p14

➡ p16

➡ p16

➡ p16

➡ p17

➡ p17

➡ p18

➡ p18

➡ p18

➡ p13

➡ p15

➡ p13

➡ p14

➡ p15

➡ p17

➡ p12

主菜

甜甜辣辣的很下飯，讓人忍不住一口接一口！

回鍋肉

時間15分鐘

材料（2人份）

- 高麗菜……¼顆（300g）
- 豬五花薄片……150g
- 芝麻油……1大匙
- A
  - 甜麵醬……1又½大匙
  - 料理酒……1大匙
  - 醬油……½大匙
  - 砂糖……⅔小匙
  - 豆瓣醬……⅔小匙
  - 太白粉……1小匙
  - 蒜頭（磨泥）……½小匙

作法

1. 高麗菜洗淨瀝乾水分後切成3公分寬的片狀、豬肉切4公分寬的一口大小。將A攪拌均勻。
2. 芝麻油倒入平底鍋後，開中火加熱，先放入豬肉，拌炒3分鐘直到變色。
3. 加入高麗菜後轉大火繼續炒2分鐘，將A**沿鍋邊倒入後續炒1分鐘即可起鍋**。

POINT

也可加入切滾刀狀的青椒。

濃郁又美味～！

¼顆

主菜

要吃的時候再切開！

高麗菜捲

時間20分鐘 冷藏2日

材料（2人份）

- 高麗菜（**從外葉開始使用，……6～8葉（300～400g）**）
- 洋蔥……1/4顆
- 牛豬絞肉……200g
- 起司……40g
- A
  - 麵包粉……1/3杯
  - 牛奶……2大匙
  - 胡椒……少許
  - 鹽……1/5小匙
- B
  - 水……150ml
  - 料理酒……2大匙
  - 高湯塊……1/2塊
  - 醬油……1小匙

作法

1. 食材洗淨。洋蔥切末，放入碗中，和絞肉、A一起攪拌均勻。
2. 在耐熱容器中，**先放一片高麗菜、再放一些拌好的絞肉，以此重疊多次，起司放在正中間的地方**。最後，在最上方放上兩片高麗菜，當作是蓋子，用手用力壓一下調整形狀。
3. 倒入B，蓋上保鮮膜，微波加熱15分鐘。盛盤，撒上荷蘭芹末（材料表以外）。

主菜

剛炒好的高麗菜淋上肉味噌，好對味！

高麗菜佐肉味噌

時間15分鐘

材料（2人份）

- 高麗菜……**1/3顆（400g）**
- 青蔥……6公分
- 豬絞肉……100g
- 芝麻油……1/2大匙
- A
  - 味噌……1又1/2大匙
  - 料理酒……1大匙
  - 砂糖……1/2大匙
  - 醬油……1小匙
  - 太白粉……2/3小匙
  - 薑（磨泥）……1/2小匙
  - 水……1/4杯

作法

1. 食材洗淨。高麗菜切4等分片狀。青蔥切蔥花。
2. 芝麻油倒入平底鍋中，開中火加熱，放入高麗菜，**蓋上蓋子燜煮**4～5分鐘。過程中要偶爾掀蓋將高麗菜翻面。然後盛盤。
3. 將絞肉、蔥花放入平底鍋中，以中火炒到豬肉變色。接著將拌勻的A倒入鍋中再一起拌炒。炒熟後淋在高麗菜上。

主菜

滿滿青菜，吃起來沒有負擔感！

滿滿高麗菜炸肉餅

時間25分鐘 | 冷藏2日

材料(2人份)

- 高麗菜……………1/8顆(150g)
- 洋蔥(切末)……………2大匙
- 牛豬絞肉……………150g
- 鹽……………1/3小匙
- A
  - 蛋……………1/2個
  - 麵包粉……………3大匙
- B
  - 蛋……………1/2個
  - 牛奶……………2大匙
  - 低筋麵粉……………2大匙
- 低筋麵粉、麵包粉……各適量
- 油炸用油……………適量
- 中濃醬、檸檬……………各適量

作法

1. 高麗菜洗淨、切絲，撒上鹽巴靜置5分鐘使其脫水，瀝乾水分。
2. 將洋蔥末、絞肉、A放入碗中拌勻，分成6等分。捏成約2公分厚的圓形，撒上低筋麵粉。接著裹上拌勻的B，最後再沾麵包粉。
3. 油加熱到170℃後轉小火，再以160℃**邊翻面邊炸**7～8分鐘。吃的時候可搭配中濃醬、檸檬。

雞肉的鮮味加上高麗菜的甜味，唇齒留香久久不散

高麗菜燉帶骨雞肉

時間40分鐘 | 冷藏2日 | 冷凍蔬菜OK

材料(2人份)

- 高麗菜……………1/3顆(400g)
- 雞翅小腿……………4隻
- 洋蔥……………1/2顆
- 胡蘿蔔……………1根
- 橄欖油……………1小匙
- 鹽、粗黑胡椒粉………各少許
- A
  - 水……………2又1/2杯
  - 白葡萄酒……1又1/2大匙
  - 高湯塊……………1·1/2塊
  - 月桂葉(如果有)……2片

作法

1. 翅小腿抹上鹽、粗黑胡椒粉，靜置5-10分鐘使其入味。高麗菜洗淨、洋蔥去皮，都切成片狀。胡蘿蔔切成5公分左右的條狀。
2. 橄欖油倒入鍋中，開中火加熱，**將翅小腿帶皮面朝下放入**，煎3～4分鐘至皮變色。放入高麗菜、洋蔥、胡蘿蔔和A，煮滾後蓋上蓋子，轉小火燜煮30分鐘。最後再以鹽、黑胡椒粉調味。

主菜

可以同時吃到起司和美味泡菜
高麗菜泡菜起司雞

時間20分鐘 | 冷凍蔬菜OK

材料(2人份)
- 高麗菜……………1/5顆(250g)
- 去骨雞腿肉………1隻(250g)
- 胡蘿蔔……………………1/3根
- 洋蔥……………………1/4顆
- 起司……………………100g
- 沙拉油…………………1/2大匙
- A
  - 白菜泡菜……………120g
  - 韓國辣椒醬‥2又1/2大匙
  - 醬油…………………1/2大匙

作法
1. 食材洗淨。去骨雞腿肉切3公分塊狀，和A一起抓勻。高麗菜切3公分片狀。胡蘿蔔切條狀。洋蔥切8毫米寬的薄片。
2. 沙拉油倒入平底鍋，開中火加熱，放入雞腿肉、高麗菜、胡蘿蔔、洋蔥，炒2分鐘，接著蓋上蓋子，在熟透之前**偶爾掀蓋翻炒一下**。
3. 食材熟透之後關火，空出平底鍋中間的位置，放入起司。待起司融化後，蔬菜和肉就能裹上起司享用了。

主菜

將新鮮的高麗菜加入炸豬排中！
高麗菜豬肉捲

時間20分鐘 | 冷藏2日

材料(2人份;6捲)
- 高麗菜………1/6顆(200g)
- 豬里肌薄片…………12片
- 燒海苔…………………1/4片
- 鹽……………………1/3小匙
- A
  - 鹽、胡椒……各少許
  - 低筋麵粉、蛋液、麵包粉………各適量
- 油炸用油………………適量
- 蘿蔔泥、柚子醋醬油……………依喜好添加

作法
1. 高麗菜洗淨、切絲，撒上鹽巴靜置5分鐘，接著**用廚房紙巾包起、逼出多餘的水分**。海苔先撕碎再和高麗菜拌在一起。
2. 肉片攤平，2片一組，放上全部1/6量的高麗菜後捲起。**捲到最後再用手用力壓一下捲緊**。接著再依序裹上鹽、胡椒、低筋麵粉、蛋液、麵包粉。
3. 油炸用油加熱到170℃，將剛剛捲好的肉片炸5～6分鐘。吃的時候可以搭配蘿蔔泥、柚子醋醬油。

主食

爽脆高麗菜的鮮甜滋味在口中擴散開來！

滿滿高麗菜大阪燒

時間20分鐘

材料（2人份；2個）

豬五花薄片……120g

A
- 山藥（磨泥）……30g
- 高湯……1杯
- 蛋……1個
- 高麗菜……1/6顆（200g）
- 低筋麵粉……120g
- 紅薑（如果有）……1又1/2大匙
- 炸麵球……2大匙

沙拉油……2小匙

大阪燒醬、美乃滋、柴魚片、海苔粉……依喜好添加

作法

1. 將A的高麗菜洗淨後均切成0.3～0.5公分的細絲。肉片切2～3等分。
2. **將A依序加入拌勻。**
3. 將1小匙油倒入平底鍋中，開中火加熱，倒入一半的A，調整成圓形，在上面放一半的豬肉片。蓋上蓋子，轉小火煎4分鐘，煎到變色後翻面，同樣蓋上蓋子，再煎4分鐘盛盤。剩下的豬肉量再煎一份大阪燒。最後依個人喜好淋上大阪燒醬、美乃滋，撒上柴魚片、海苔粉。

配菜

蜆和培根的鮮美都融入高麗菜中

橄欖油蒸高麗菜培根蜆

時間15分鐘 冷凍蔬菜OK

材料（2人份）

高麗菜……1/4顆（300g）

蜆（吐完沙）……200g

培根……1片

蒜頭（切末）……1瓣

鹽、粗黑胡椒粉……各少許

料理酒……1大匙

橄欖油……1大匙

作法

1. 食材洗淨。高麗菜切成3公分四方形。培根切1公分寬。
2. 將高麗菜放入平底鍋中，再放上培根、蜆、蒜末，接著撒鹽、黑胡椒、淋橄欖油，蓋上蓋子，開中火燜煮3分鐘。**待冒出水蒸氣後轉小火，加熱到有8成蜆的殼都開了、高麗菜變軟為止。**

配菜

帶有奶油味的鮮甜高麗菜，好吃！

奶油燉高麗菜佐維也納香腸

時間10分鐘 冷凍蔬菜OK

材料（2人份）

- 高麗菜……………1/5顆（250g）
- 洋蔥……………1/4顆
- 維也納香腸……………4條
- 奶油……………10g
- 低筋麵粉……………1又1/2大匙
- A 牛奶……………1杯
  - 高湯塊……………1/2塊
  - 鹽、胡椒……………各少許

作法

1. 高麗菜洗淨後切成3公分四方形。洋蔥去皮、切薄片。維也納香腸斜切對半。
2. 奶油放入平底鍋中，開中火加熱融化，放入高麗菜、洋蔥、香腸炒3分鐘，接著**在鍋中均勻撒上低筋麵粉，再拌炒均勻**。
3. 倒入A，煮滾後再轉小火煮2～3分鐘即完成。

POINT

也可以用火腿取代維也納香腸。

配菜

軟軟的高麗菜搭配蓬鬆的雞蛋

高麗菜蛋花湯

時間10分鐘 冷凍蔬菜OK

材料（2人份）

- 高麗菜……………1/6顆（200g）
- 洋蔥……………1/4顆
- 蛋……………1個
- A 水……………2杯
  - 高湯塊……………1塊
  - 鹽……………少許
- 粗黑胡椒粉……依喜好添加

作法

1. 食材洗淨。高麗菜切絲。洋蔥去皮切薄片。
2. A倒入鍋中，接著放入高麗菜、洋蔥，蓋上蓋子，開中火煮滾。煮滾後火稍微轉小一點，再煮4分鐘。
3. **以繞圈的方式將蛋液倒入鍋中，待蛋花浮上來後再稍微攪拌一下**。依個人喜好撒上粗黑胡椒粉。

POINT

還可以加點起司，會更美味。

常備菜

恰到好處的蒜味，讓你停不下筷子

高麗菜炒魩仔魚

時間10分鐘 | 冷藏2～3日

材料（2人份）

高麗菜……………………1/4顆（300g）
魩仔魚（乾的）……………………25g
芝麻油……………………1/2大匙
A 醬油……………………1/2大匙
 蒜頭（磨泥）……………………1/2小匙
 山椒粉（如果有）……………………少許

作法

1. 高麗菜洗淨，切成寬0.3～0.5公分細絲（比較長的菜葉就切對半）。
2. 芝麻油倒入平底鍋中，開中火加熱，放入魩仔魚炒2分鐘。接著再加入高麗菜絲**快炒**2分鐘至菜葉變軟。
3. 最後加入A再拌炒一下即完成。

常備菜

做成咖哩風味挑起食欲！

高麗菜水煮蛋咖哩風味沙拉

時間15分鐘 | 冷藏2日

材料（2人份）

高麗菜……………………1/4顆（300g）
水煮蛋……………………2個
洋蔥……………………1/6顆
A 美乃滋……………………3又1/2大匙
 醋……………………1/2大匙
 咖哩粉……………………1/2～2/3小匙
 鹽、胡椒……………………少許

作法

1. 高麗菜洗淨，切0.8公分寬，放入耐熱容器中，蓋上保鮮膜，微波加熱2分鐘，取出，**瀝乾水分**。
2. 用手將水煮蛋剝兩半。洋蔥去皮切薄片，泡水5分鐘，取出**瀝乾水分**。
3. 將高麗菜、水煮蛋、洋蔥放入碗中，接著放入拌勻的A再一起攪拌均勻即可。

常備菜

加入起司粉，香氣迷人

涼拌玉米高麗菜

時間10分鐘 | 冷藏2～3日

材料（2人份）

高麗菜……………………1/4顆（300g）
鹽……………………1/3小匙
玉米罐頭……………………40g
A 美乃滋……………………2大匙
 起司粉……………………1又1/3大匙
 醋……………………1/2大匙
 砂糖……………………1/4小匙
 鹽、胡椒……………………各少許

作法

1. 高麗菜洗淨切絲，撒上鹽巴靜置5分鐘使其脫水，再用清水洗去鹽巴，**瀝乾水分**。
2. 將高麗菜絲、玉米粒和A一起攪拌均勻即可。

鹽麴帶出高麗菜的甜味

鹽麴涼拌高麗菜

時間35分鐘 冷藏2～3日

材料(2人份)

高麗菜……………………1/4顆(300g)

A
- 鹽麴……………………2又1/2大匙
- 薑(磨泥)…………………2/3小匙

作法

1. 高麗菜切成3公分四方形。
2. 將切好的高麗菜和A一起放入保鮮袋中輕輕搖晃，讓A均勻沾附每片菜葉。**壓出空氣後密封袋口**，醃漬30分鐘以上即可食用。

*食用時要稍微瀝掉水分。

黃芥末的口感令味蕾一新

法式高麗菜沙拉

時間10分鐘 冷藏2～3日

材料(2人份)

高麗菜……………………1/4顆(300g)

火腿……………………………………2片

A
- 法式芥末醬………1又1/2小匙
- 砂糖…………………………2/3小匙
- 鹽……………………1/4～1/3小匙
- 胡椒……………………………少許
- 醋……………………1又1/3大匙
- 沙拉油……………1又2/3大匙

作法

1. 高麗菜洗淨，切2～3公分四方形，放入耐熱容器中，蓋上保鮮膜，微波2分鐘，取出後瀝乾水分。
2. 火腿先對切一半，再切成約0.8公分寬。
3. 將**A的材料由上而下依序拌入**碗中，當作沙拉醬使用。接著放入高麗菜、火腿拌勻即完成。

溫和不刺激的酸味，清爽好吃

黃芥末漬高麗菜

時間15分鐘 冷藏2～3日

材料(2人份)

高麗菜……………………1/6顆(200g)

洋蔥……………………………………1/6顆

鹽………………………………………1/3小匙

A
- 橄欖油……………………………2大匙
- 醋……………………1又1/3大匙
- 黃芥末籽醬…………………1/2大匙
- 砂糖…………………………1/2小匙
- 鹽、胡椒…………………各少許

作法

1. 高麗菜洗淨切絲，撒上鹽巴靜置5分鐘，再用清水洗去鹽巴，**瀝乾水分。洋蔥去皮切薄片泡水5分鐘，瀝乾水分**。
2. 將高麗菜絲、洋蔥薄片混合拌勻，再加入A一起拌勻即可。

常備菜

油炸豆皮和芝麻增添厚實口感

高麗菜拌芝麻豆皮

時間10分鐘 | 冷藏2～3日 | 冷凍蔬菜OK

材料(2人份)

- 高麗菜……1/4顆(300g)
- 油炸豆皮……1/2片
- A
  - 白芝麻……1又1/2大匙
  - 醬油……1小匙
  - 砂糖……1/2小匙
  - 烹大師調味料(顆粒) 1/2小匙
  - 鹽……少許

作法

1. 高麗菜洗淨，切0.5公分寬的細絲。豆皮先對切一半再切0.5公分細絲。放入耐熱容器中，蓋上保鮮膜，微波加熱2分鐘，取出，**瀝乾水分**。
2. 將高麗菜、豆皮和拌勻的A再一起拌勻即完成。

常備菜

加上紫蘇飯友增加視覺層次又爽口

高麗菜拌紫蘇飯友

時間10分鐘 | 冷藏2～3日 | 冷凍蔬菜OK

材料(2人份)

- 高麗菜……1/4顆(300g)
- A
  - 三島紫蘇飯友……1小匙
  - 白芝麻……1/2小匙

作法

1. 高麗菜洗淨，用手撕成3公分四方形。菜芯切成容易入口大小的薄片。放入耐熱容器中，蓋上保鮮膜，微波加熱3分鐘後取出，瀝乾水分。
2. 將高麗菜和A放入保鮮袋中，**稍微搓揉使味道更均勻**。

常備菜

每一口都帶著芝麻香氣

淺漬高麗菜

時間35分鐘 | 冷藏3～4日

材料(2人份)

- 高麗菜……1/4顆(300g)
- 胡蘿蔔……1/3根
- 鹽……1/2小匙
- A
  - 鹽昆布……2撮(5g)
  - 芝麻油……1大匙
  - 白芝麻……1小匙

作法

1. 高麗菜洗淨，切3公分四方形。胡蘿蔔去皮、切絲。分別撒上鹽巴靜置5分鐘後瀝乾水分。
2. 將高麗菜和胡蘿蔔、A放入保鮮袋中，稍微搓揉。**壓出空氣後密封袋口**，靜置醃漬30分鐘以上。

大白菜

蔬菜小檔案
- 產季／冬季
- **重要營養成分**／鉀、維生素C、異硫氰酸鹽
- **食用功效**／預防高血壓、預防感冒、抗氧化

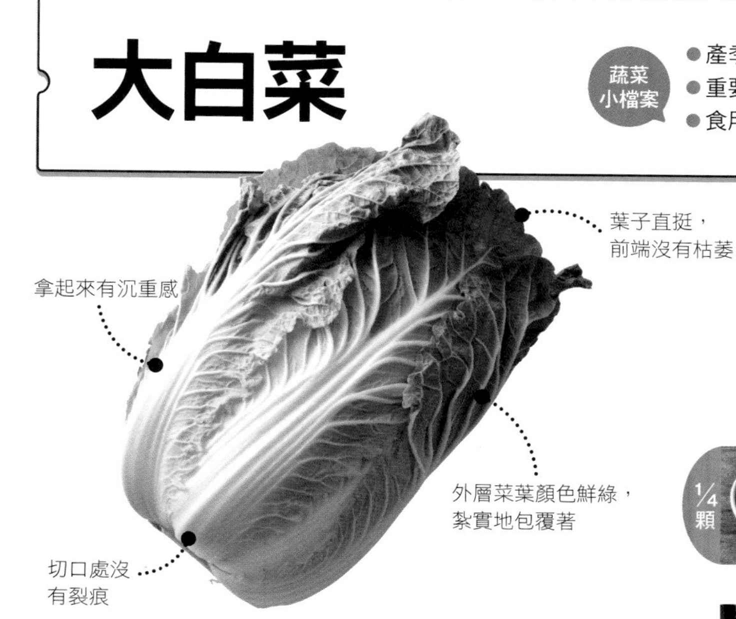

大白菜竟然能變化出這麼多美味料理！

➡ p27

➡ p20

➡ p22

➡ p23

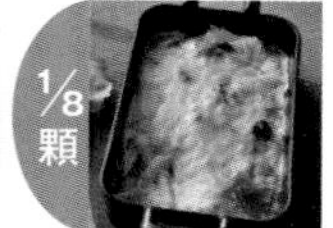

➡ p21

➡ p21

➡ p24

➡ p24

➡ p25

➡ p25

➡ p27

➡ p23

➡ p28

2葉

➡ p26

➡ p26

➡ p27

➡ p28

➡ p28

迷人之處在於可做成各種料理

大白菜是專屬於冬季的蔬菜，優點除了有清脆的口感、能把料理的香氣滿滿地吸附進去，即使只是簡單拌炒也會很美味，是款**萬用蔬菜**。就讓我們一起活用各種烹調方法來大量運用大白菜吧！

保存方法

常溫 約**2**週

用報紙包起來，芯朝下，立放在陰暗的地方。天氣熱的時候記得冷藏保存。

冷藏 約**1**週

若是整顆白菜，就用報紙包起放進冰箱。切過的白菜則要用保鮮膜確實包好，芯朝下，立放在冰箱冷藏保存。

冷凍 約**1**個月

先切成容易入口的大小，再放入冷凍用的保鮮袋就能冷凍保存。冷凍過的白菜適合用來炒或燉煮。

主菜

超下飯的一道料理

麻婆白菜

時間15分鐘

材料(2人份)

大白菜……………………1/6顆(350g)
豬絞肉………………………………100g
芝麻油……………………………1大匙

A
- 甜麵醬……………………1大匙
- 醬油………………………2小匙
- 料理酒……………………2小匙
- 豆瓣醬…………1又1/2小匙
- 砂糖………………………1/3小匙
- 水…………………………100ml
- 薑(磨泥)、蒜頭(磨泥)…………各1/2小匙

B
- 太白粉……………………2小匙
- 水…………………………1大匙

山椒粉……………………………適量

作法

1. 將大白菜葉子的部分洗淨，切成3公分四方形，莖的部分縱切成2×5公分的條狀。
2. 芝麻油倒入平底鍋中加熱，放入絞肉炒至變色，接著把大白菜加進去一起炒3分鐘。
3. 將拌勻的A倒入鍋中，轉中火，煮滾後轉小火。接著將**拌勻的B以繞圈的方式倒入，繼續拌煮至出現稠稠的芡汁**。盛盤，撒上山椒粉。

連湯汁都很下飯！

1/6顆

白菜與奶油、鮮奶油、起司三重奏！

主菜 焗烤白菜火腿

時間20分鐘

材料（2人份）

大白菜……………1/8顆（250g）
火腿…………………………4～6片
奶油……………………………10g
低筋麵粉…………………2大匙
A 鮮奶油……………………150ml
　高湯粉……………1/2小匙
　鹽…………………1/4小匙
胡椒…………………………少許
起司……………………………60g

作法

1. 大白菜洗淨，切成寬1公分、長5公分大小。火腿切8等分。
2. 奶油放入平底鍋中，開中火加熱，放入大白菜炒5分鐘，炒到變軟，再均勻撒上低筋麵粉，再拌炒一下，接著加入A，**邊攪拌邊煮滾，直到變得稠稠的**。
3. 倒入耐熱容器中，放上起司。用小烤箱烤5分鐘，烤到起司呈現焦黃色，以胡椒調味。

白菜的爽脆口感，忍不住一口接一口

主菜 大白菜煎餃

時間35分鐘　冷凍2週

材料（以擺滿直徑24公分的平底鍋為例）

大白菜……………1/8顆（250g）
豬絞肉……………………150g
餃子皮……………………25張
鹽…………………………1/2小匙
水…………………………1/2杯
A 醬油……………………1大匙
　料理酒………………1/2大匙
　芝麻油………………1/2大匙
　太白粉………………1/2大匙
　砂糖……………………1小匙
　薑（磨泥）…………1/2小匙
沙拉油……………………1/2小匙
芝麻油……………………1/2大匙

作法

1. 大白菜洗淨後切粗末，撒上鹽，輕抓一下，靜置10分鐘，瀝掉多餘的水分。
2. 將大白菜、絞肉和A拌在一起，包入餃子皮中。
3. 沙拉油倒入平底鍋中，在鍋中整齊排入餃子，開中火煎2分鐘。底部煎呈金黃後倒入水，水的高度約到餃子的一半，蓋上蓋子，燜煎5～6分鐘，直到水完全蒸發為止。接著以繞圈的方式淋上芝麻油，繼續煎到底部呈現焦黃色，即可上桌。

主菜

將蔬菜與肉的鮮美一層層完美融合！

法式白菜千層鍋

時間25分鐘

材料(2人份)

大白菜……………………$\frac{1}{6}$顆(350g)
豬肩里肌肉薄片……………………200g
鹽……………………少許
A 高湯……………………2又½杯
料理酒……………………2大匙
醬油……………………½大匙
薑(磨泥)……………………1小匙
芝麻油……………………1小匙
柚子醋醬油、青蔥(切蔥花)
……………………依喜好添加

作法

1 豬肉先撒上鹽。大白菜洗淨、去芯。一片豬肉、一片白菜交互疊放，**切成配合鍋子高度的大小，圖中是切成5公分的長度**。

2 **順著鍋緣將大白菜和豬肉排入鍋中，排到中心時也要儘可能排得緊密**。

3 將**A**倒入鍋中，開中火，煮滾後轉小火，蓋上蓋子，稍微留一點縫，再煮15分鐘，直到大白菜變軟。最後依個人喜好搭配柚子醋醬油、蔥花享用。

POINT

想把這道料理處理得整齊好看，祕訣是食材都要從邊緣往中心排入，高湯的量也要依鍋子大小調整。

在剩下的湯汁裡加進白飯或烏龍麵，超級美味！

1/6顆

主菜

大白菜的甜味加上味噌，真是絕配！

味噌奶油白菜捲

時間45分鐘　冷藏2～3日

材料（2人份；4捲）

- 大白菜菜葉（外層的大片葉子）……**4葉（400g）**
- 洋蔥（切末）……1/6顆
- A 雞腿絞肉……200g
- A 麵包粉……1/2杯
- A 蛋……1/2個
- A 鹽……1/4小匙
- B 水……200ml
- B 高湯塊……1/2塊
- 味噌……2小匙
- 鮮奶油……1/3杯
- 粗黑胡椒粉……少許

*「落蓋」指燉煮時壓在食材上的小鍋蓋，也可以用烘焙紙剪成略小於鍋子的圓形來取代，用來加速食材入味。

作法

1. 材料洗淨。洋蔥和A攪拌均勻，分成4等分，分別搓成圓形。
2. 大白菜放入耐熱容器中，蓋上保鮮膜，微波加熱4分鐘。取出後先浸泡一下冷水再**瀝乾水分**。攤開大白菜，把雞絞肉球放上去、包起來，最後再用牙籤固定。以同樣作法做出另外3個白菜捲。
3. 將所有大白菜捲放入鍋中，再倒入B，開中火煮滾，煮滾後**先放「落蓋」再蓋鍋蓋**，轉小火燉煮30分鐘。味噌和鮮奶油一起拌勻後倒入，同樣以小火加熱至沸騰。盛盤，撒上粗黑胡椒粉。

主菜

濃厚的蠔油凸顯出大白菜的鮮甜

蠔油炒白菜肉片竹筍

時間15分鐘

材料（2人份）

- 大白菜……**1/6顆（350g）**
- 竹筍（水煮）……60g
- 牛里肌薄片……150g
- 鹽、胡椒……各少許
- 辣椒（去籽）……1根
- 芝麻油……1大匙
- A 蠔油……1又2/3大匙
- A 料理酒……1大匙
- A 太白粉……1小匙（加1大匙水溶解）
- A 蒜頭（磨泥）……1/2小匙

作法

1. **將大白菜菜葉洗淨，切成3公分四方形，芯切3公分寬**。竹筍前端切成片狀，根部切4公分厚的條狀。牛肉切成4公分長，撒上鹽及胡椒。
2. 芝麻油倒入平底鍋中，開中火加熱，放入辣椒、牛肉拌炒3分鐘，炒到牛肉變色，接著放入大白菜和竹筍，繼續炒4分鐘。最後倒入拌勻的A再翻炒一下。

主菜

煮得軟軟的大白菜配著芝麻＆豆乳一口吃下，很暖胃

大白菜芝麻豆乳鍋

時間25分鐘　冷凍蔬菜OK

材料（2人份）

- 大白菜……… 1/8顆（250g）
- 煎好的豆腐……… 1/2塊
- 香菇……… 4朵
- 胡蘿蔔……… 1/4根
- 去骨雞腿肉……… 1隻
- A
  - 麵味露（2倍濃縮）……… 150ml
  - 水……… 2又1/2杯～3杯
  - 豆乳（豆漿）……… 150ml
  - 白芝麻……… 3大匙
  - 味噌……… 3大匙

作法

1. 大白菜洗淨後切成3公分四方形。豆腐切成3公分塊狀。香菇頭切掉，正面劃個十字。胡蘿蔔用削皮器削成薄片狀。雞腿肉切成4公分塊狀。
2. **將A倒入鍋中煮滾**，接著放入大白菜、雞腿肉、豆腐、香菇。蓋上蓋子，繼續燉煮10～15分鐘，燉煮一會兒後放入胡蘿蔔煮熟。

主菜

軟軟的大白菜吸附芡汁裡滿滿的海鮮味

白菜海鮮八寶菜

時間15分鐘

材料（2人份）

- 大白菜……… 1/8顆（250g）
- 香菇……… 2朵
- 胡蘿蔔……… 1/4根
- 綜合海鮮（冷凍）……… 100g
- 鵪鶉蛋（水煮）……… 6顆
- 芝麻油……… 1大匙
- A
  - 水……… 150ml
  - 料理酒……… 1大匙
  - 蠔油……… 1/2大匙
  - 醬油……… 1/2大匙
  - 雞粉……… 1小匙
  - 鹽、胡椒……… 各少許
  - 太白粉…… 1大匙（加2大匙水溶解成太白粉水）

作法

1. 大白菜洗淨後切片。香菇切成寬1公分的厚片。胡蘿蔔切條狀。
2. 芝麻油倒入平底鍋中，開中火加熱，再放入大白菜、香菇、綜合海鮮，炒4～5分鐘。
3. 放入A和鵪鶉蛋，邊拌炒邊煮滾。約炒1分鐘後再**慢慢地邊攪拌邊加入太白粉水，直到出現稠稠的芡汁即可盛盤**。

微波加熱非常方便，還能吃到大白菜的清脆口感

蒸大白菜夾肉

時間20分鐘　冷藏2～3日

材料(2人份)

大白菜……………1/8顆(250g)

A
- 牛、豬絞肉…………250g
- 青蔥(切蔥花)……5公分
- 太白粉………………1小匙
- 薑(磨泥)…………1/2小匙
- 鹽……………………1/4小匙
- 胡椒…………………少許

B
- 高湯…………………1/4杯
- 醬油……………1・1/2大匙
- 味醂…………………1大匙
- 料理酒………………1大匙

作法

1. 將A攪拌均勻。大白菜洗淨、去芯後，以一片菜葉一層肉的方式重疊起來，最後再**稍微用力壓一下**。
2. 將大白菜夾肉放入耐熱容器中，淋上拌勻的B，蓋上保鮮膜，微波加熱10～12分鐘即可。
3. 吃的時候再切成容易入口的大小。

伴隨麻油香氣的中式口味，超級下飯

大白菜叉燒滑蛋

時間15分鐘

材料(2人份)

- 大白菜……………1/8顆(250g)
- 叉燒…………………………60g
- 蛋……………………………2個
- 鹽、胡椒…………………各少許
- 芝麻油……………………1大匙

A
- 水……………………………1/3杯
- 雞粉………………………1/2大匙
- 醬油…………………………1小匙
- 太白粉………………………1小匙
- 鹽、胡椒…………………各少許

作法

1. 大白菜洗淨後切3公分寬。叉燒切成0.4公分薄片後，每片再切成3～4等分。蛋打散後和鹽、胡椒一起拌勻。
2. 將一半的芝麻油量倒入平底鍋中，開中火加熱，加入混合鹽和胡椒的蛋液，炒到半熟後取出備用。
3. 稍微加熱鍋中殘餘的芝麻油，放入大白菜、叉燒一起炒4分鐘，再倒入拌勻的A**快速翻炒一下**，放入半熟的蛋，再稍微拌炒即完成。

配菜

大白菜和金針菇的組合，同時增加纖維質與口感

白菜金針菇酸辣湯

時間15分鐘 | 冷凍蔬菜OK

材料（2人份）

大白菜……**1～2葉（150g）**
金針菇……1/3包
蛋……1個
A 水……2杯
醬油……1大匙
雞湯粉……2小匙
鹽、胡椒……各少許
太白粉……1小匙
（加2大匙水溶解）
辣油、醋……依喜好添加

作法

1 大白菜洗淨後先切成0.8公分細絲，再切成2～3等分。金針菇去除根部後，對切一半再剝散開來。

2 將**A**倒入鍋中，開中火煮滾，煮滾後再加入大白菜和金針菇，蓋上蓋子，再煮5分鐘。**以繞圈的方式將太白粉水慢慢地倒入鍋中，煮至湯汁出現勾芡黏稠狀**。

3 將蛋液倒入鍋中，待蛋花浮起再稍微攪拌一下。

4 依個人喜好添加辣油和醋。

蒜味恰到好處地溶入鮮美的大白菜和鮪魚裡

白菜鮪魚蒜片湯

時間10分鐘 | 冷凍蔬菜OK

材料（2人份）

大白菜……**2葉（200g）**
鮪魚罐頭……1/2罐（35g）
蒜頭……2瓣
橄欖油……1小匙
A 水……2杯
昆布（10公分四方形）‥1片
辣椒（切圓片）……1撮
鹽、胡椒……各少許

作法

1 大白菜洗淨後先切成1公分寬，再切成2～3等分。蒜頭去芯，切薄片。打開鮪魚罐頭，把裡頭的油瀝掉。

2 將橄欖油、蒜片和大白菜放入鍋中，開中火炒2分鐘，炒到香味散發出來。倒入**A**，在**快要煮滾之前取出昆布**。

3 煮滾後蓋上蓋子，轉小火再煮3分鐘。放入鮪魚後就關火。

配菜

生火腿成就一道時尚醃漬品

醋漬大白菜生火腿

時間10分鐘

材料(2人份)

大白菜……………………**2葉(200g)**
生火腿……………………30g
檸檬……………………1/4顆
鹽……………………1撮
A 橄欖油……………………1又1/2大匙
檸檬汁……………………1小匙
醋……………………1/2小匙
黃芥末籽醬……………………2/3小匙
鹽、胡椒……………………各少許

作法

1 大白菜洗淨後，切成0.8公分×5公分大小，抹鹽靜置5分鐘後，用廚房紙巾包起，**輕輕壓出多餘水分**。
2 檸檬切薄片狀。生火腿切成4公分長左右。
3 在碗中放入大白菜、檸檬、生火腿，再加入混勻的**A**，全部一起拌勻即完成。

常備菜

燉得軟爛的白菜，入口溫潤美味

燉煮大白菜油豆腐

時間15分鐘　冷藏2～3日　冷凍蔬菜OK

材料(2人份)

大白菜……………………**1/4顆(500g)**
油豆腐……………………200g
A 高湯……………………1又1/2杯
醬油……………………1又1/2大匙
味醂……………………1大匙
料理酒……………………1大匙
砂糖……………………1/2大匙
鹽……………………少許
薑(磨泥)、柴魚片……………………各適量

作法

1 大白菜洗淨後先縱切一半，再切成4公分寬。油豆腐切成厚1.5公分厚、長4公分的四方形。
2 **將A和油豆腐、大白菜的根部放入鍋中，開中火煮2分鐘，接著再放入白菜葉子**。蓋上蓋子，轉小火煮7分鐘，煮到大白菜軟爛。
3 盛入碗中，吃的時候再添加薑泥、柴魚片即可。

常備菜

湯汁也好喝的西式煮物

燉煮大白菜培根

時間10分鐘　冷藏2～3日　冷凍蔬菜OK

材料(2人份)

大白菜……………………**1/8顆(250g)**
培根……………………2片
A 水……………………1杯
橄欖油……………………1大匙
料理酒……………………1大匙
高湯塊……………………1塊
粗黑胡椒粉……………………少許

1 大白菜切成3公分四方形。培根切3公分寬。
2 將大白菜和培根放入平底鍋中，接著倒入**A**。
3 開中火煮2分鐘，水蒸氣上來後轉小火煮4分鐘，煮到大白菜變軟爛。

POINT

培根可用維也納香腸代替。

白菜與酸酸甜甜的蘋果超match！

法式大白菜蘋果沙拉

時間10分鐘 | 冷藏2～3日

材料(2人份)

大白菜……………………**2葉(200g)**
蘋果……………………………… 1/3顆
鹽……………………………… 1/4小匙
A 沙拉油…………… 1又1/2大匙
　醋………………………… 2小匙
　法式黃芥末醬………… 1小匙
　砂糖……………………… 2/3小匙
　胡椒……………………… 少許
鹽……………………………… 少許

作法

1. 將大白菜洗淨，芯切成寬0.5公分、長4公分的細條狀，菜葉則切成長、寬約3公分的四方形，抹鹽靜置5分鐘，**瀝乾水分**。蘋果帶皮切成4毫米厚的片狀，浸泡1分鐘鹽水（材料表以外）後取出。
2. 將A放在碗中，用打蛋器攪拌均勻。
3. 將大白菜、蘋果和A拌勻後，試一下味道，不夠鹹再用鹽調味。

味道清爽吃不膩的基本款

涼拌大白菜

時間10分鐘 | 冷藏2～3日

材料(2人份)

大白菜…………… **3～4葉(350g)**
A 高湯……………………… 4大匙
　醬油……………………… 1大匙
柴魚片………………………… 適量

作法

1. 煮一鍋滾水，將大白菜洗淨後放入滾水中汆燙3分鐘後取出，再泡入冷水，接著撈起、稍微擰掉水分。
2. **將1/3量的A淋在大白菜上，然後稍微瀝掉**，再切成容易入口的大小。
3. 將剩下的A都淋在大白菜上，要吃的時候再撒上柴魚片。

不僅下飯，也能配茶！

淺漬大白菜

時間5分鐘 | 冷藏3～4日

材料(2人份)

大白菜……………………**2葉(200g)**
昆布(3公分四方形)………… 1片
鹽……………………………… 1小匙
辣椒(切圓片)…………………1撮
柚子皮(切絲)………依喜好添加

作法

1. 大白菜洗淨後，芯切成寬1.5公分、長4公分的大小，菜葉切成3公分四方形。昆布泡水後切絲。
2. 將大白菜放入保鮮袋內，撒上鹽，稍微搓揉，接著放入昆布、辣椒、柚子皮。**壓出空氣後密封袋口，冷藏2小時以上**。吃的時候可淋上一點湯汁。

白蘿蔔

- 產季／冬季
- 重要營養成分／鉀、膳食纖維、澱粉酶、異硫氰酸鹽
- 食用功效／預防血栓、預防感冒、促進腸胃蠕動

一整根都能拿來做料理！

白蘿蔔**除了根部可以吃，連葉子、皮都能入菜**。切大塊可做燉煮料理，切薄片做成沙拉生吃也很美味，還能**蒸來吃或做成醃漬常備菜**，超級萬用。

保存方法

常溫 **3～5日**

切下葉子，用報紙包起根部，放在陰涼處保存。葉子則放進冰箱冷藏保存。

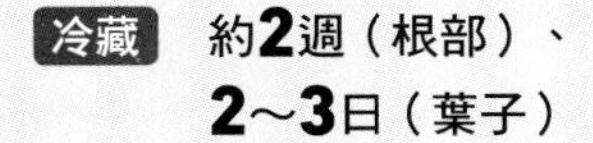

冷藏 **約2週（根部）、2～3日（葉子）**

根部先用保鮮膜包起，再放入保鮮袋裡，立在冰箱冷藏保存。葉子也要用保鮮膜包起，放進冰箱冷藏。

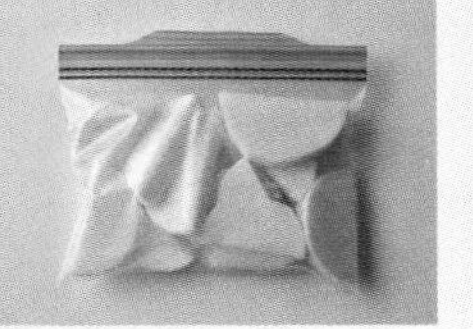

冷凍 **約1個月**

切成容易入口的大小後，放入冷凍用的保鮮袋就能冷凍保存。冷凍蘿蔔可用在燉煮或煮湯。

白蘿蔔竟然能變化出這麼多美味料理！

½根

➡ p37

蘿蔔葉

➡ p38

⅓根

➡ p30

➡ p31

➡ p32

➡ p32

➡ p33

➡ p34

¼根

➡ p31

➡ p34

➡ p36

➡ p36

➡ p37

➡ p37

➡ p38

蘿蔔皮

➡ p38

⅙根

➡ p35

➡ p35

主菜

豬肉的鮮甜都滲透進白蘿蔔裡，美味極了！

豬五花燉白蘿蔔

時間30分鐘 冷藏2～3日 冷凍蔬菜OK

材料(2人份)

蘿蔔……………………1/3根(400g)
豬五花……………………………200g
水煮蛋(半熟)……………………2個
芝麻油…………………………1小匙
A 高湯…………………1又1/4杯
醬油……………………………3大匙
料理酒、味醂‧各1又1/2大匙
砂糖………………1又1/3大匙
薑(切絲)………………………1/2片

作法

1. 白蘿蔔去皮切成1.5公分厚的半圓形。豬肉切成厚1公分、長寬各5公分的塊狀。
2. 芝麻油倒入鍋中加熱，放入白蘿蔔和豬肉，炒2分鐘，接著倒入A，轉中火煮滾。煮滾後轉小火，**蓋上蓋子煮20分鐘，煮到白蘿蔔變軟**。加入剝完殼的水煮蛋再煮2～3分鐘，關火、放涼讓食材入味。

主菜

香氣濃郁、作法超簡單！

蒜香奶油煎白蘿蔔

時間25分鐘

材料（2人份）

- 白蘿蔔……¼根（300g）
- 低筋麵粉……適量
- 橄欖油……1大匙
- A 醬油……1大匙
- A 料理酒……½大匙
- A 蒜頭（磨泥）……½小匙
- A 奶油……8g
- 粗黑胡椒粉……少許

作法

1. 白蘿蔔去皮後切成2公分厚的圓片，其中一面畫十字。洗淨後不需擦乾，直接用保鮮膜包起，微波加熱5～7分鐘。取出，**拿廚房紙巾擦乾水分，撒上低筋麵粉**。
2. 將橄欖油倒入平底鍋中，開中火加熱，放入白蘿蔔，將兩面煎到微焦。
3. **擦去平底鍋中多餘的油**，倒入**A**繼續煮到收汁。撒上粗黑胡椒粉。

主菜

白蘿蔔料理中的主角級菜色

鰤魚白蘿蔔

時間25分鐘　冷藏2～3日　冷凍蔬菜OK

材料（2人份）

- 白蘿蔔……⅓根（400g）
- 鰤魚（切片）……2片
- 芝麻油……1小匙
- A 高湯……1杯
- A 料理酒……3大匙
- A 味醂……2大匙
- A 砂糖……1大匙
- A 醬油……1又½大匙
- A 薑（切絲）……½片
- 蔥白（切絲）……適量

作法

1. 白蘿蔔去皮後切成1.5公分厚的半圓形。鰤魚每片都切成2～3等分。
2. 芝麻油倒入鍋中，開中火加熱，將白蘿蔔放入鍋中，煎到微焦。倒入**A**，煮滾後蓋上蓋子，再煮5分鐘。接著放入鰤魚，繼續煮10分鐘。掀蓋，煮3分鐘後關火。**放涼，讓食材入味**。盛盤，最後撒上蔥白絲。

主菜

品味切得薄如蟬翼的蘿蔔

薄片蘿蔔豬肉鍋

時間15分鐘

材料(2人份)

白蘿蔔⋯⋯⋯⋯⋯1/3根(400g)
豬里肌火鍋肉片⋯⋯⋯⋯200g
青蔥⋯⋯⋯⋯⋯⋯⋯⋯⋯⋯1/2支
香菇⋯⋯⋯⋯⋯⋯⋯⋯⋯⋯4朵

A
水⋯⋯⋯⋯⋯⋯⋯⋯⋯⋯3杯
雞粉⋯⋯⋯⋯⋯⋯⋯⋯1大匙
醬油⋯⋯⋯⋯⋯⋯⋯⋯1大匙
蠔油、料理酒⋯⋯各1大匙
豆板醬、芝麻油
⋯⋯⋯⋯⋯⋯⋯⋯⋯各1/2大匙
蒜頭、薑(磨泥)
⋯⋯⋯⋯⋯⋯⋯⋯⋯各1小匙

作法

1. 白蘿蔔去皮後用削皮器削出薄片，削到最後很難**削出薄片時，改以菜刀切薄片**。青蔥切斜片。香菇切1公分厚。
2. 將**A**和青蔥放入鍋中，開中火煮5分鐘，煮到滾。
3. 將香菇、豬肉加入鍋中繼續煮，煮滾了之後再放入白蘿蔔片，繼續煮5分鐘即可起鍋。

主菜

色、香、味俱全

蒸法式豬五花千層

時間20分

材料(2人份)

白蘿蔔⋯⋯⋯1/3根(400g)
豬五花薄片⋯⋯⋯⋯⋯180g
檸檬⋯⋯⋯⋯⋯⋯⋯⋯⋯1/2個
料理酒⋯⋯⋯⋯1又1/2大匙
鹽、粗黑胡椒粉⋯⋯各少許
柚子醋醬油⋯⋯依喜好添加

作法

1. 白蘿蔔去皮後切3公分厚的圓形。豬肉切5公分長。檸檬切2毫米厚的半月形。
2. 將白蘿蔔和豬肉，用一片蘿蔔一片豬肉交互重疊的方式排入耐熱容器中，檸檬則隨意插入。淋上料理酒，撒上鹽、粗黑胡椒粉。
3. 用保鮮膜將耐熱容器蓋起，微波加熱10分鐘至豬肉變色。吃的時候再依個人喜好沾柚子醋醬油。

用白蘿蔔取代餃子皮試試看！

白蘿蔔餃子

時間25分鐘

材料（2～3人份；約28個餃子）

白蘿蔔（較粗的部分）…⅓根（400g）
鹽……適量
太白粉……適量
高麗菜……3葉（150g）
榨菜……35g
A 豬絞肉……100g
蠔油……2小匙
薑（磨泥）、太白粉、芝麻油……各1小匙
芝麻油……1小匙
醬油、醋、辣油……各適量

作法

1 白蘿蔔去皮，切2～3毫米厚的圓形，撒上1小匙鹽巴，靜置5分鐘，接著再以清水沖洗掉鹽巴，瀝乾水分。在白蘿蔔的其中一面撒上太白粉。

2 高麗菜洗淨後切絲，撒上⅙小匙鹽抓勻、靜置5分鐘，逼出多餘水分。拿廚房紙巾將榨菜上多餘的水分擦乾後剁碎。接著將切好的高麗菜絲和榨菜末放入碗中，加入**A**拌勻。

3 將**沾有太白粉的白蘿蔔向內對折**，填入高麗菜和榨菜後包起來，備用。

4 將芝麻油倒入平底鍋中，開中火加熱，將白蘿蔔餃子放入鍋中排放整齊，煎8分鐘，邊煎邊翻面。吃的時候可搭配醬油、醋、辣油。

主食

吃得到蘿蔔的甘甜

蘿蔔咖哩

時間35分鐘 | 冷藏2～3日 | 冷凍蔬菜OK

材料（3～4人份）

白蘿蔔……………1/3根（400g）
胡蘿蔔……………………………1根
洋蔥……………………………1顆
牛豬絞肉………………………200g
橄欖油………………………1/2大匙
水………………………………2杯
A 咖哩塊（市售）
……………………4塊（90g）
醬油……………………1小匙
白飯……………………………適量

作法

1 白蘿蔔去皮，切4公分滾刀塊，胡蘿蔔也切適當大小的滾刀塊。洋蔥切成片狀。

2 將橄欖油倒入鍋中加熱，放入白蘿蔔、胡蘿蔔、洋蔥和絞肉炒5分鐘，接著加水進去煮滾，煮滾後**蓋上蓋子**，轉小火再煮20分鐘，煮到蘿蔔變軟。

3 將**A**加入鍋中，以小火融化，偶爾稍加攪拌，約煮5分鐘。吃的時候再淋到白飯上享用。

主菜

味道濃厚的肉味噌與被高湯包覆的蘿蔔，絕配！

蘿蔔佐肉味噌

時間20分鐘 | 冷藏2～3日

材料（2～3人份）

白蘿蔔………1/4根（300g）
A 高湯………………1/2杯
鹽………………1/4小匙
B 豬絞肉……………60g
水…………………4大匙
味噌………………1大匙
料理酒…………2小匙
砂糖………不到1小匙
味醂……………2/3小匙
太白粉…………2/3小匙
薑（磨泥）……1/3小匙
七味粉………依喜好添加

作法

1 白蘿蔔去皮再切成2公分厚的圓形，**其中一面劃上深5毫米的十字**。將白蘿蔔沾水，放入耐熱容器中，蓋上保鮮膜，微波加熱6分鐘。微波的過程要將白蘿蔔上下翻面。

2 將**A**倒入耐熱容器中，再微波加熱2分鐘，取出放涼。

3 拿一個耐熱碗，將**B**放入拌勻，蓋上保鮮膜，微波加熱4分鐘～4分半鐘。微波過程要稍微攪拌，完成肉味噌。將微波好的肉味噌淋在白蘿蔔上，盛盤，再依個人喜好撒上七味粉。

QQ的口感加上櫻花蝦香氣

配菜 蘿蔔櫻花蝦煎餅

時間20分鐘

材料(2～3人份;4個)

白蘿蔔…1/6根(淨重約150g)
櫻花蝦…3g
青蔥(細蔥花)…1支
A 低筋麵粉…30g
太白粉…30g
鹽…少許
芝麻油…1/2大匙
醬油、醋醬油…適量

POINT

因為要利用蘿蔔的水分來拌粉，所以前置作業不要把蘿蔔的水分瀝太乾。

作法

1 將白蘿蔔去皮後切成細絲，或是用刨絲器刨粗絲，稍微去掉水分。

2 將白蘿蔔放入碗中，加入蔥花、櫻花蝦和A用手拌勻，**拌至可塑型的緊實程度**。分4等分，各捏成1公分厚的圓餅狀。

3 將芝麻油倒入平底鍋中，開中火加熱，將圓餅排入鍋中，蓋上鋁箔紙，煎3分鐘，煎到有焦黃色。翻面同樣煎3分鐘至熟。吃的時候再淋上醬油或醋醬油。

宛如麵條般的蘿蔔絲

配菜 蘿蔔絲蛋花湯

時間10分鐘

材料(2人份)

白蘿蔔…1/6根(200g)
白蘿蔔葉(如果有)…2根(30g)
蛋…1個
A 水…2杯
料理酒…1大匙
雞粉…1/2大匙
B 醬油…1小匙
太白粉(以少量的水溶解)…1小匙
芝麻油…1/2小匙
白芝麻…1/2小匙

作法

1 白蘿蔔去皮後切絲，白蘿蔔葉切1公分寬左右。

2 將白蘿蔔放入鍋中，倒入A，開中火煮滾，煮滾後轉小火，蓋上蓋子，煮3分鐘，接著再放入白蘿蔔葉。

3 在鍋中加入B，**轉中火煮滾後，以繞圈的方式倒入蛋液**。待蛋花浮起稍微拌一下就可關火。

配菜

酥炸界新面孔！

酥炸蘿蔔條

時間15分鐘

材料（2～3人份）

白蘿蔔……………1/4根（300g）

A
- 醬油……………………1/2大匙
- 料理酒…………………1/2大匙
- 蒜頭（磨泥）………1/3小匙
- 高湯粉…………………1/2小匙

B
- 太白粉………1又1/2大匙
- 低筋麵粉……1又1/2大匙

沙拉油………………………適量

鹽……………………………少許

作法

1 白蘿蔔去皮後切成7～8公分長條狀。

2 白蘿蔔先沾上拌勻的**A**，接著再沾拌勻的**B**。

3 在平底鍋中多倒些油進去加熱，放入白蘿蔔，**炸4～6分鐘，炸到酥脆**。吃的時候再撒上鹽巴。

配菜

簡單卻時尚的逸品

法式蘿蔔煙燻鮭魚千層

時間15分鐘

材料（2人份）

白蘿蔔……………1/4根（300g）

煙燻鮭魚……………………80g

檸檬…………………………1/6顆

鹽……………………………少許

橄欖油………………………適量

粗黑胡椒粉…………………適量

作法

1 白蘿蔔去皮，切成0.2公分厚的圓形，撒上鹽靜置5分鐘，用廚房紙巾逼出多餘水分。煙燻鮭魚切成跟白蘿蔔一樣的大小。檸檬切2毫米厚的片狀。

2 **依序重疊白蘿蔔、煙燻鮭魚、白蘿蔔、煙燻鮭魚、白蘿蔔**。對半切之後盛盤。吃的時候再淋上橄欖油、粗黑胡椒粉。

吃得到蘿蔔的溫和滋味
白蘿蔔里肌肉湯

時間50分鐘 | 冷藏2～3日 | 冷凍蔬菜OK

材料(2～3人份)
白蘿蔔……1/2根(500g)
豬肩里肌塊……300g
青蔥……1/2支
鹽……1又1/2小匙
A 水……2又1/2～3杯
昆布(5×10公分)……1片
黑胡椒(顆粒)……1小匙
醬油……1小匙
柚子胡椒……適量

作法
1 豬肉先撒上鹽巴、用保鮮膜包起，放入保鮮袋中醃1～2天。
2 白蘿蔔去皮切2公分厚的半月形。青蔥切4公分段。
3 用清水沖淨醃過的豬肉、白蘿蔔、青蔥，放入鍋中，加入A，開中火，快要煮滾之前取出昆布。**如果有浮渣要先撈掉浮渣**，蓋上蓋子，轉小火煮35～40分鐘。最後加入醬油，關火。可搭配柚子胡椒沾著吃。

清爽的口感
醋漬紅白蘿蔔

時間15分鐘 | 冷藏2～3日

材料(2～3人份)
白蘿蔔……1/4根(300g)
胡蘿蔔……1/4根
鹽……1又1/2小匙
A 醋……1/3杯
砂糖……2大匙
鹽……少許

作法
1 白蘿蔔、胡蘿蔔去皮後切絲，撒上鹽，靜置10分鐘，瀝乾水分。
2 將白蘿蔔、胡蘿蔔和A放入保鮮袋中，稍微搓揉後靜置2小時以上讓它入味。

吃得到清脆的口感
甘醋漬蘿蔔

時間10分鐘 | 冷藏2～3日

材料(2人份)
白蘿蔔……1/4根(300g)
鹽……1/2小匙
A 醋……3大匙
砂糖……2大匙
昆布(5公分四方)……1片
辣椒(切圓片)……1撮

作法
1 白蘿蔔去皮後切薄片。
2 將白蘿蔔、鹽放入保鮮袋中，稍微搓揉後靜置5分鐘。接著放入A，再稍加拌勻，**壓出空氣，冷藏一個晚上**。吃的時候再稍微瀝掉水分。

爽快的喀滋喀滋口感！

醬油漬蘿蔔

時間15分鐘 | 冷藏2～3日

材料（2人份）

白蘿蔔……………… 1/4根（300g）
鹽……………………………… 1小匙
A 醋…………………………… 3大匙
　醬油………………………… 2大匙
　砂糖………………………… 2大匙
　味醂（微波加熱20秒）· 1大匙
　辣椒（切圓片）……………… 1撮

作法

1 白蘿蔔去皮後切成長5公分、粗1公分左右的條狀。

2 將白蘿蔔和鹽放入保鮮袋中，稍微搓揉後靜置10分鐘，接著再以清水洗去鹽巴，**稍微瀝掉水分**。加入**A**，冷藏醃漬1小時以上。

瞬間吃完一碗白飯

白蘿蔔葉炒魩仔魚

時間10分鐘 | 冷凍2週 | 冷藏2～3日

材料（2人份）

白蘿蔔葉………………………… 150g
魩仔魚（乾的）…………………… 25g
白芝麻…………………………… 1大匙
芝麻油…………………………… 1小匙
A 醬油………………………… 2小匙
　味醂………………………… 1小匙

作法

1 白蘿蔔葉洗淨切粗末。

2 將芝麻油倒入平底鍋中，開中火加熱，放入白蘿蔔葉拌炒。炒到葉子軟了後再放入魩仔魚一起拌炒。接著倒入**A**拌炒，最後再放入白芝麻拌勻即可。

唇齒留香，讓你停不下筷子

金平蘿蔔皮

時間10分鐘 | 冷凍2週 | 冷藏2～3日

材料（2人份）

白蘿蔔皮……………… 1根（300g）
芝麻油…………………… 1/2大匙
A 醬油………………………… 1大匙
　砂糖………………………… 1大匙
　辣椒（切圓片）……………… 1撮
　芝麻油……………………… 1小匙

*金平（きんぴら）：將根莖類蔬菜切成細條狀，加入日式調味料拌炒而成的小菜。

作法

1 白蘿蔔皮先削成4～5毫米厚片、接著切長5公分的絲狀。

2 芝麻油倒入平底鍋中，開中火加熱，放入白蘿蔔絲炒6分鐘。

3 將**A**倒入鍋中，**炒到收汁即可**。

洋蔥

- 產季／秋～春季
- 重要營養成分／鉀、膳食纖維、硫化丙烯、硒
- 食用功效／消除疲勞、淨化血液、減緩血壓上升

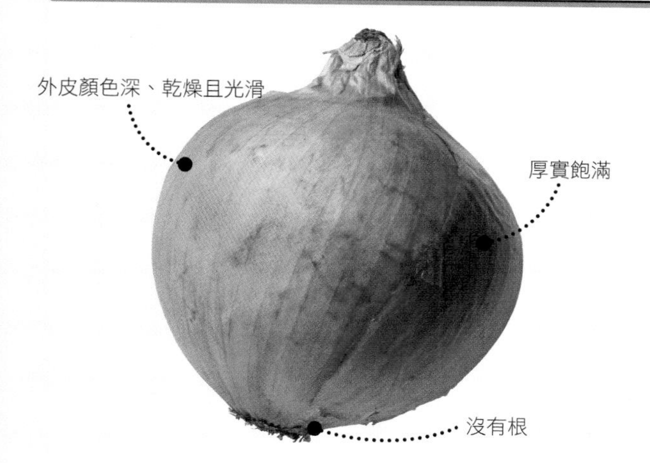

整顆都能用，CP 值超高！

把洋蔥中間挖空，可以鑲入其他食材或是煮湯。此外，**它能搭配任何食材、運用在各式料理中，是超級「百搭」的蔬菜**。

洋蔥竟然能變化出這麼多美味料理！

2顆

➡ p40

➡ p46

1顆

➡ p41

➡ p42

➡ p43

➡ p43

➡ p44

➡ p45

➡ p45

➡ p45

➡ p46

➡ p46

小的1顆

➡ p41

➡ p44

½顆

➡ p44

保存方法

常溫 約**1**個月

放入透氣性佳的網袋中、吊在通風良好的地方保存。如果沒有網袋，就放在鋪有報紙的籃子中，放在陰涼處保存也行。

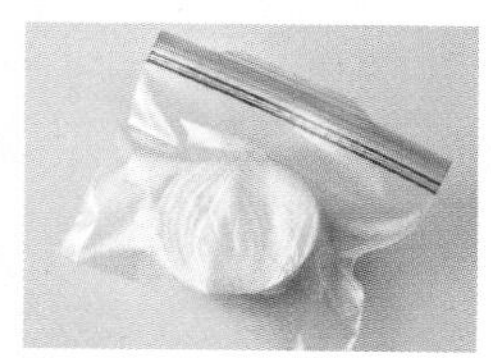

冷藏 **2～3**日

切開的洋蔥要先擦乾水分後，用保鮮膜包起來放入保鮮袋中，再冷藏保存。

冷凍 約**1**個月

切成食用的大小後，放入冷凍用保鮮袋冷凍保存。或者切末再冷凍，更可以輕鬆運用在各種料理，非常方便。

浸在濃湯中享用！

主菜

洋蔥鑲肉

時間40分鐘　冷藏2～3日

材料（2人份）

洋蔥	**2顆（400g）**
牛、豬絞肉	100g
鹽	1撮
胡椒	少許
A 水	1又½杯
A 醬油	1大匙
A 味醂	1小匙
A 奶油	5g
A 高湯塊	1塊
A 鹽	少許
青蔥（切蔥花）	適量

作法

1. 先將洋蔥去皮，頂部及底部各切掉1公分，接著用湯匙從頂部中間插入挖空。**挖起來的洋蔥切成1又½大匙的洋蔥末，其餘切成薄片**。將洋蔥末和牛、豬絞肉、鹽、胡椒一起拌勻，填入空心的洋蔥裡面。
2. 將A、填入絞肉的洋蔥、洋蔥片放入鍋中，開中火加熱，煮滾後轉小火，蓋上蓋子，煮30分鐘，煮至洋蔥變軟。盛盤，吃的時候再撒上蔥花即可。

POINT

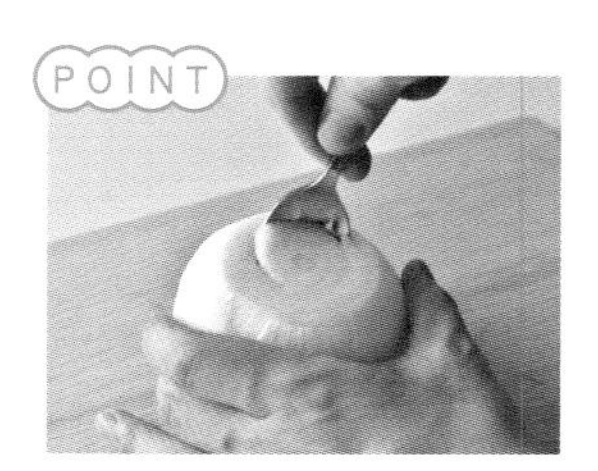

怎麼把洋蔥中間挖空呢？將湯匙直立地往中間插入並旋轉一圈，就可以漂亮地挖起來了。

主菜

煎過再燜煮的洋蔥美味極了

香煎洋蔥肉捲

時間25分鐘 | 冷藏2～3日

材料(2人份)

- 洋蔥……………………**1顆(200g)**
- 豬五花薄片………8片(200g)
- 鹽、胡椒……………………少許
- 低筋麵粉……………………適量
- 橄欖油……………………½大匙
- **A**
  - 水……………………½杯
  - 番茄醬………1又½大匙
  - 料理酒……………………1大匙
  - 伍斯特醬…………½大匙
  - 醬油……………………½小匙

作法

1. 將去皮洋蔥切成8等分的片狀，再用豬五花肉片捲起來，**捲到最後用手捏緊固定**。撒上鹽、胡椒、低筋麵粉。
2. 將橄欖油倒入平底鍋中，開中火加熱，將**豬肉捲的收口面朝下**放入平底鍋中煎。蓋上蓋子，轉小火煎10-15分鐘，邊煎邊翻面。
3. 拿廚房紙巾將平底鍋裡多餘的油分擦掉，倒入**A**，蓋上蓋子燜煮3～4分鐘即完成。

組合了不同口感與風味的食材，爽快咬下！

炸什錦洋蔥

時間20分鐘 | 冷凍2週

材料(2人份)

- 洋蔥…………**小的1顆(150g)**
- 櫻花蝦……………………6g
- 青紫蘇……………………3葉
- **A**
  - 蛋……………………½個
  - 水……………………65ml
  - 低筋麵粉……………70g
- 油炸用油……………………適量
- 麵味露(依喜好添加)…適量

作法

1. 洋蔥去皮、切絲。青紫蘇洗淨，用手撕成1公分左右的四方形。
2. **將A的材料由上而下依序拌在一起，拌好的麵糊約略比鬆餅粉漿稀一點**。接著加入洋蔥絲、撕碎的青紫蘇、櫻花蝦，**大致拌一下**。
3. 鍋中的油加熱到170℃，用湯匙舀起拌好的洋蔥麵糊，每次舀起¼～⅙的量，輕輕放入油鍋中炸5分鐘，邊炸邊翻面。吃的時候可依個人喜好搭配麵味露。

主菜

藉著口味重的起司與鮪魚，享受洋蔥的鮮甜

香煎洋蔥鮪魚起司

時間20分鐘

材料(2人份)

洋蔥……1顆(200g)
鹽、胡椒……各少許
橄欖油……½大匙
鮪魚罐頭……1罐(75g)
起司……60g
荷蘭芹(切碎末)……適量

作法

1 洋蔥去皮、橫切1公分厚的圓片，撒上鹽、胡椒。

2 將橄欖油倒入平底鍋中，開小火加熱，將洋蔥片放入鍋中排列整齊，**蓋上蓋子**，煎12～13分鐘。邊煎邊掀蓋翻面，煎到洋蔥變軟。

3 將瀝乾油的鮪魚、起司分別放在洋蔥片上，蓋上蓋子，再煎2分鐘，直到起司融化。盛盤，撒上荷蘭芹末。

1顆

濃稠味美～！

配菜

洋蔥和鬆軟炒蛋交織出柔和味道

洋蔥蟹肉炒蛋

時間15分鐘 冷凍蔬菜OK

材料（2人份）

洋蔥……1顆（200g）
蟹味棒……4條
A 蛋……2個
鹽、胡椒……各少許
料理酒……1小匙
B 料理酒……1大匙
太白粉……½大匙
水……1杯
雞粉……1小匙
醬油……1小匙
鹽、胡椒……各少許
鹽……少許
芝麻油……1大匙

作法

1 洋蔥去皮，切1公分寬。蟹味棒直撕成3～4等分。A和B分別由上而下依序加入碗中拌勻備用。

2 將一半的芝麻油倒入鍋中，開中火加熱，倒入A快炒一下，取出備用。在鍋中倒入剩下的芝麻油，放入洋蔥，轉小火炒5分鐘，加入鹽調味。放入蟹味棒快炒一下，最後放入剛才炒好的蛋，拌勻即可盛盤。

3 將B倒入平底鍋中，**翻煮至出現稠稠的芡汁**，淋到盤中即完成。

主菜

做法簡單，好滋味令人難忘

番茄醬炒洋蔥佐維也納香腸

時間15分鐘 冷凍蔬菜OK

材料（2人份）

洋蔥……1顆（200g）
維也納香腸……3條
橄欖油……½大匙
A 番茄醬……2大匙
料理酒……1大匙
咖哩粉……½小匙
鹽、胡椒……各少許
綜合義大利香料……適量

作法

1 洋蔥去皮，切1公分寬的片狀。維也納香腸斜切成4等分。

2 將橄欖油倒入平底鍋中，開小火加熱，放入洋蔥炒5分鐘，炒到變軟。接著放入維也納香腸炒2分鐘。

3 將A倒入鍋中，拌炒均勻後即可盛盤，最後撒上綜合義大利香料。

配菜

好吃到上桌秒殺！

炸洋蔥圈

時間20分鐘

材料(2人份)

洋蔥……………小的1顆(150g)
鹽、胡椒……………………各少許
低筋麵粉……………………適量
A 水……………………………70ml
　低筋麵粉……………………70g
　美乃滋……………………2大匙
　高湯粉……………1又1/2小匙
油炸用油……………………適量

作法

1 洋蔥去皮，橫剖成1公分的圓片，然後**一圈一圈分散開來**，撒上鹽、胡椒、低筋麵粉。

2 油加熱到170℃，將洋蔥裹上拌勻的A，放入油鍋中炸到酥脆，撈出瀝油。吃的時候搭配番茄醬、黃芥末醬（材料表以外）。

配菜

魚露香味四溢的清爽沙拉

海鮮香菜洋蔥沙拉

時間15分鐘

材料(2人份)

洋蔥……………………1顆(200g)
綜合海鮮(冷凍)……………150g
香菜……………………………適量
A 魚露……………………1大匙
　沙拉油…………………1大匙
　檸檬汁…………………1/2大匙
　辣椒(切圓片)……………1撮
萊姆(切片)…………依喜好添加

作法

1 **洋蔥去皮後切粗絲，泡水10分鐘，用廚房紙巾輕壓去水分**。香菜洗淨，均切3公分段。

2 將綜合海鮮放入滾水中，燙3～4分鐘後撈起，放在濾網中瀝掉水分，放涼。

3 將洋蔥片、綜合海鮮和A一起拌勻。上面放香菜，旁邊依個人喜好加入萊姆片。

配菜

濃郁的醋味噌超級開胃！

洋蔥海帶芽拌醋味噌

時間15分鐘

材料(2人份)

洋蔥…………………1/2顆(100g)
新鮮海帶芽(也可將乾燥海帶芽泡水後使用)……………………40g
A 味噌……………1又1/2大匙
　砂糖…………………1/2大匙
　醋………………………2小匙
　黃芥末醬……………1/3小匙

作法

1 **洋蔥去皮、切薄片，泡水10分鐘，撈出用廚房紙巾輕壓去水分**。

2 海帶芽先切掉比較硬的莖的部分，再切成3公分寬。

3 將洋蔥和海帶芽拌入拌勻的A即完成。

配菜

搭配柴魚片、柚子醋，簡單就好吃

涼拌洋蔥絲

時間15分鐘

材料(2人份)

洋蔥……………………1顆(200g)
嫩薑……………………………60g
柴魚片……………………………3g
柚子醋醬油………1～1又1/2大匙

作法

1 **洋蔥去皮、切粗絲，泡水10分鐘，撈出、用廚房紙巾輕壓吸去水分**。嫩薑切小口薄片，泡一下水，再瀝乾水分，備用。

2 將洋蔥和嫩薑盛盤，撒上柴魚片、淋上柚子醋醬油。

常備菜

溫潤爽口的酸味

芥末籽醬拌鮪魚洋蔥絲

時間15分鐘 冷藏2～3日

材料(2人份)

洋蔥……………………1顆(200g)
鮪魚罐頭………………1罐(75g)
A 美乃滋……………1又1/2大匙
黃芥末籽醬……………1大匙
鹽、胡椒…………………少許

作法

1 **洋蔥去皮後切粗絲，泡水10分鐘，撈出、用廚房紙巾輕壓吸去水分**。

2 將洋蔥、瀝掉油的鮪魚和A一起拌勻即可。

常備菜

免開火就能完成的簡單醃漬物

漬洋蔥煙燻鮭魚

時間15分鐘 冷藏2～3日

材料(2人份)

洋蔥……………………1顆(200g)
煙燻鮭魚………………………80g
A 橄欖油……………1又1/2大匙
白葡萄酒醋……………1大匙
砂糖……………………………1撮
鹽、胡椒…………………少許

作法

1 **洋蔥切粗絲，泡水10分鐘，撈出、用廚房紙巾輕壓吸去水分**。

2 煙燻鮭魚切4公分寬。

3 將洋蔥片和鮭魚、A一起拌勻即可。

配白飯或是豆腐都美味

洋蔥牛肉丼

時間20分鐘 | 冷凍2週 | 冷藏3～4日 | 冷凍蔬菜OK

材料(2人份)

- 洋蔥⋯⋯**1顆(200g)**
- 牛肉薄片(邊角肉)⋯⋯200g
- A
  - 薑(切絲)⋯⋯½片
  - 料理酒⋯⋯¼杯
  - 水⋯⋯¼杯
  - 醬油⋯⋯2又½大匙
  - 味醂⋯⋯2大匙
  - 砂糖⋯⋯1大匙
  - 烹大師調味料(顆粒)⋯⋯½小匙

作法

1. 洋蔥去皮、切0.8公分薄片。牛肉切4公分寬。
2. 將A、洋蔥、牛肉放入鍋中，開中火煮滾，煮滾後轉小火，蓋上蓋子，煮15分鐘，燜煮的時候需**不時地掀蓋攪拌以免燒焦**。

洋蔥的甜味慢慢地在口中散開

整顆洋蔥湯

時間30分鐘 | 冷藏2～3日

材料(2人份)

- 洋蔥⋯⋯**2顆(400g)**
- 培根⋯⋯1片
- A
  - 水⋯⋯2杯
  - 高湯塊⋯⋯1塊
  - 鹽、胡椒⋯⋯少許
- 粗黑胡椒粉⋯⋯適量

作法

1. 洋蔥去皮、切掉一點頂部和底部，底部劃入1公分深的刀口。培根切對半，備用。
2. 用保鮮膜將2顆洋蔥分別包起，微波加熱6分鐘。
3. 將A、微波好的洋蔥、培根放入鍋中，開中火煮滾，煮滾後**蓋上落蓋和鍋蓋**，轉小火繼續煮20分鐘。吃的時候撒上黑胡椒。

*「**落蓋**」指燉煮時壓在食材上的小鍋蓋，也可以用烘焙紙剪成略小於鍋子的圓形來取代，可加速食材入味。

圓潤鮮甜，每一口都好暖

洋蔥奶油湯

時間30分鐘 | 冷凍2週 | 冷藏2日 | 冷凍蔬菜OK

材料(2人份)

- 洋蔥⋯⋯**1顆(200g)**
- 奶油⋯⋯10g
- A
  - 高湯塊⋯⋯1塊
  - 水⋯⋯150ml
- B
  - 牛奶⋯⋯½杯
  - 鮮奶油⋯⋯½杯
  - 鹽⋯⋯少許
- 荷蘭芹(切碎末)⋯⋯適量

作法

1. 洋蔥去皮、切薄片。
2. 將奶油、洋蔥放入鍋中，開小火炒5分鐘。加入A轉中火煮滾，煮滾後蓋上蓋子，轉小火煮15分鐘至沸騰。
3. 用食物攪拌器將奶油洋蔥湯攪拌均勻，倒入鍋中，再加入B，開小火加熱。要吃的時候撒上荷蘭芹末。

青蔥

- 產季／冬季
- 重要營養成分／維生素C、鈣、硫化丙烯
- 食用功效／消除疲勞、殺菌、促進血液循環

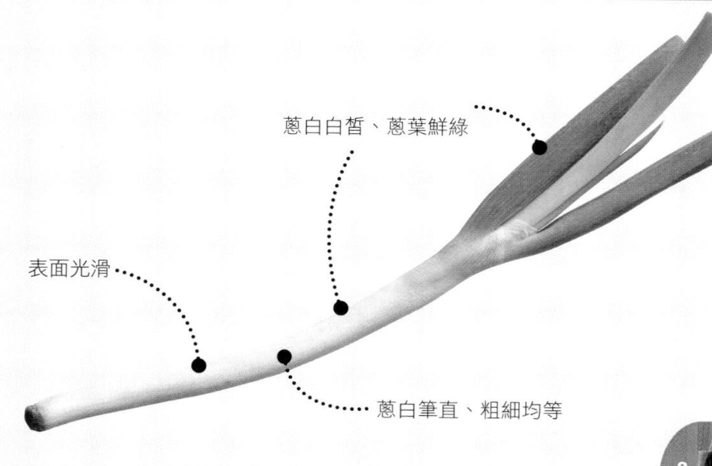

是主角也是配角！用途多元

青蔥一般都是當作佐料使用，但它也能成為稱職的主角。可以**切段後用煎的、醋漬的，整根都能使用，需要大量運用時，就加在湯品、炒物裡吧**！

保存方法

常溫 約**2**週

用報紙包起來，蔥白朝下、立在紙袋裡或是空箱中，放置於陰涼處保存。

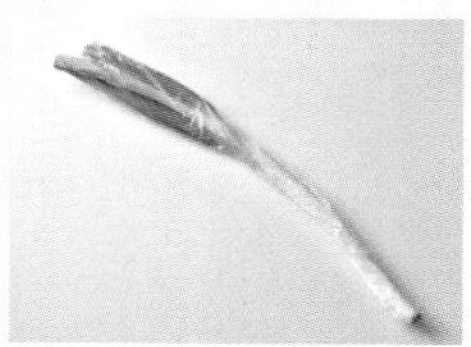

冷藏 約**1**週

不論是否已經切成段，都要用保鮮膜確實包妥，以避免水分流失，再放進冰箱冷藏保存。

冷凍 約**1**個月

先切成斜片或碎末、蔥花之後，再放入冷凍用保鮮袋中冷凍保存。冷凍過的青蔥使用時不需退冰，直接拿來煮湯或炒即可。

軟嫩的肉片和香氣四溢的蔥，絕配！

主菜

青蔥蒸雞腿

時間20分鐘

材料（2人份）

青蔥……1根（110g）
去骨雞腿肉……1隻
薑……⅓片
蒜頭……½瓣

A
- 料理酒……2大匙
- 雞粉……少於1小匙
- 芝麻油……⅔小匙
- 鹽……¼小匙
- 胡椒……少許

作法

1 去骨雞腿肉去皮、去脂肪均切數刀不切斷。青蔥洗淨切斜薄片、薑切絲、蒜頭切末。

2 將去骨雞腿肉、青蔥、薑、蒜和A放入鍋中，蓋上蓋子，**靜置5分鐘使之入味**。

3 開中火煮滾，煮滾後蓋上蓋子，轉小火再煮8分鐘。吃的時候再切成容易入口的大小。

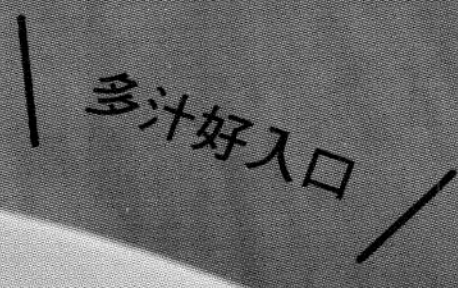

多汁好入口

主菜

酸甜的滋味，停不下筷子

香煎青蔥鮭魚南蠻漬

時間15分鐘 冷藏2～3日

材料（2人份）

青蔥……2根（220g）
新鮮鮭魚（切片的）……2片
鹽、胡椒、低筋麵粉…各適量
沙拉油……2大匙
A 高湯……½杯
醋……2大匙
砂糖……2大匙
醬油……1大匙
鹽……⅙小匙
辣椒（切圓片）……1撮

作法

1 青蔥洗淨、切4公分段。鮭魚切3～4等分，撒上鹽、胡椒、低筋麵粉，靜置5分鐘。

2 將油倒入平底鍋，開中火加熱，放入青蔥、鮭魚，邊煎邊翻面，煎5分鐘。鮭魚煎熟取出後，**拿廚房紙巾擦去多餘的油**。

3 將拌勻的**A**倒入鍋中，盛裝至保存容器中，至少醃漬15分鐘以上。

主菜

泡菜豬肉加上滿滿青蔥

蔥爆泡菜豬五花

時間10分鐘 冷凍蔬菜OK

材料（2人份）

青蔥……2根（220g）
豬五花肉片……160g
白菜泡菜……80g
芝麻油……½大匙
A 蠔油……½大匙
料理酒……½大匙

作法

1 青蔥洗淨後切斜薄片。

2 將芝麻油倒入平底鍋中，開中火加熱，炒豬五花肉片到變色後加入青蔥，繼續炒3分鐘。

3 放入泡菜，**大致拌炒一下**，倒入**A**炒勻即完成。

主菜

色香味俱全

油淋青蔥鯛魚

時間15分鐘

材料（2人份）

青蔥……2根（220g）
赤鯛（切片的）……2片
蒜頭（切末）……½瓣
薑（切末）……⅓片
鹽……少許
料理酒……1大匙
芝麻油……2大匙

A
蠔油……2小匙
醬油……2小匙
醋……2小匙

香菜（切2公分長）……適量

作法

1 將一半量的洗淨青蔥切長絲，剩下的青蔥切斜薄片。鯛魚片撒上鹽巴，靜置5分鐘。

2 將蔥片放入耐熱容器中，接著再放入鯛魚、倒入料理酒，蓋上保鮮膜，微波加熱3分半鐘。取出盛盤，加入拌勻的**A**，蒜末、薑末、蔥絲。

3 **將芝麻油倒入平底鍋中加熱，淋在蔥絲上**。最後再放上香菜即完成。

主菜

享受鮮甜又脆口的青蔥

滿滿青蔥泡菜鍋

時間15分鐘 冷凍蔬菜OK

材料(2人份)

青蔥 ……………………**2根(220g)**

木棉豆腐 ………… 2/3塊(200g)

豬肩里肌薄片 ……………… 150g

蛤蜊(已吐沙) ……………… 150g

A 白菜泡菜 …………………… 80g

水 ………………………………3杯

料理酒 …………………… 2大匙

韓式辣椒醬 ………… 1大匙

雞粉 ………………………… 1大匙

作法

1 青蔥洗淨、斜切1公分寬。豆腐切6等分。豬肉片切5公分長段。蛤蜊以搓揉的方式清洗乾淨。

2 將**A**、青蔥放入鍋中，開中火煮5分鐘，煮到滾。

3 將蛤蜊、豬肉、豆腐放入鍋中，再次煮滾，火轉小到湯汁不會溢出的程度，蓋上蓋子，再煮5分鐘即完成。

主菜

冷天裡的必吃菜色，全身暖呼呼

焗烤青蔥培根麻糬

時間25分鐘 冷凍蔬菜OK

材料(2人份、18公分寬的器皿一個)

青蔥 ……………………**1根(110g)**

日式麻糬 ……………………… 3塊

培根 ……………………………… 80g

奶油 ……………………………… 10g

低筋麵粉 ……………… 1/2大匙

A 鮮奶油 ………………… 130ml

味噌 ………… 少於1小匙

鹽、胡椒 ……………… 各少許

起司 ……………………………… 70g

*耐熱容器要先抹油。

作法

1 青蔥洗淨切斜薄片。將麻糬放在烘焙紙上，微波加熱20～30秒，取出切4等分。培根切1公分寬。

2 奶油放入平底鍋中，開中火加熱，放入青蔥、培根拌炒一下，接著放入低筋麵粉炒勻。倒入**A**，邊攪拌邊煮2分鐘，接著放入鹽、胡椒、麻糬，拌勻。

3 整鍋倒入耐熱容器中，放上起司，用小烤箱烤10～15分鐘即完成。

神級醬汁，令人愛不釋口

青蔥胡蘿蔔日式炒麵

時間15分鐘

材料(2人份)

材料	份量
青蔥	**2根(220g)**
日式炒麵	2包
蒜頭	2瓣
豬五花薄片	150g
芝麻油	1大匙
A 蠔油	1大匙
A 辣油	2小匙
A 醬油	1～1又$\frac{1}{2}$小匙

作法

1. 青蔥洗淨後切斜薄片。蒜頭去皮後切薄片。豬肉切3公分長段。
2. 將芝麻油倒入平底鍋中，放入蒜片、豬肉片，開中火拌炒，炒到豬肉變色。接著加入青蔥再拌炒一下。
3. 加入炒麵和$\frac{1}{4}$杯的水（材料表以外），以中火拌炒，把麵炒散。最後倒入**A**拌炒均勻收汁。

配菜

美乃滋＆起司凸顯青蔥的鮮甜

烤青蔥美乃滋起司

時間10分鐘

材料(2人份)

材料	份量
青蔥(蔥白)	**3根**
美乃滋	適量
起司	40g
鹽	少許

作法

1. 青蔥洗淨後切6公分段，整齊排放在耐熱容器中。
2. 先撒上鹽，接著加入美乃滋、放上起司。
3. 放入小烤箱烤7分鐘至表面金黃即可。

蜆的鮮味都融入湯中

青蔥蜆湯

時間15分鐘　冷凍蔬菜OK

材料(2～3人份)

材料	份量
青蔥(切蔥花)	**1根(110g)**
蒜頭(切末)	1瓣
蜆(已吐沙)	150g
芝麻油	1小匙
A 水	2杯
A 料理酒	1大匙
A 雞粉	$\frac{1}{2}$大匙
B 醬油	$\frac{1}{2}$小匙
B 鹽、胡椒	各少許
辣油	依喜好添加

作法

1. 以搓揉方式將蜆沖洗乾淨。
2. 將芝麻油倒入鍋中加熱，放入蔥花、蒜末炒4分鐘。接著放入**A**煮滾，煮滾後放入蜆。如果有浮渣就把浮渣撈掉。**蓋上蓋子**煮3～4分鐘，待蜆的殼打開後再煮1～2分鐘。
3. 加入**B**調味，盛入碗中。可再依個人喜好添加辣油。

拌麵、拌飯、包生菜都好吃！

青蔥絞肉味噌

時間15分鐘 | 冷凍2週 | 冷藏3～4日 | 冷凍蔬菜OK

材料（2人份）

- 青蔥……1又½根（150g）
- 豬絞肉……300g
- 芝麻油……1小匙
- A 味噌……2大匙
- A 味醂、料理酒……各1大匙
- A 醬油、砂糖……各1小匙
- A 薑（磨泥）……1小匙
- 白飯……適量

作法

1. 青蔥洗淨後切成蔥花。
2. 將芝麻油倒入平底鍋中，開中火加熱，加入蔥花、豬絞肉，**拌炒5分鐘，炒到豬肉完全變色**。多餘的油則用廚房紙巾吸乾。
3. 將A倒入拌炒到入味。完成後盛在白飯或麵上享用。

適合天冷的日子，身體都暖起來了

青蔥奶油培根湯

時間15分鐘 | 冷凍2週 | 冷藏2日 | 冷凍蔬菜OK

材料（2人份）

- 青蔥……2根（220g）
- 培根……1片
- 奶油……10g
- 低筋麵粉……1大匙
- A 水……1杯
- A 高湯塊……1塊
- B 鮮奶油……¼杯
- B 牛奶……150ml
- B 鹽、粗黑胡椒粉……各少許

作法

1. 青蔥洗淨後切斜薄片。培根切1公分寬。
2. 奶油倒入平底鍋中，開中火加熱，加入蔥、培根炒4分鐘。接著放入低筋麵粉繼續拌炒，拌勻後再倒入A拌勻並煮滾，煮滾後轉小火，蓋上蓋子煮3分鐘。
3. 倒入B以小火加熱。吃的時候再撒一點黑胡椒（材料表以外）。

烤一烤、醃一醃就完成，零門檻！

橄欖油醋烤蔥

時間15分鐘 | 冷藏2～3日

材料（2人份）

- 青蔥……3根（330g）
- A 橄欖油……3大匙
- A 醋……1大匙
- A 鹽……⅙小匙
- A 粗黑胡椒粉……少許

作法

1. 青蔥洗淨後切4公分段，排放在鋁箔紙上，**放進小烤箱烤12分鐘，邊烤邊上下翻面，烤到青蔥變軟且微焦即可**。
2. 趁熱放入拌勻的A中醃漬15分鐘以上。

非常夠味的下酒菜

醋味噌拌青蔥章魚

時間10分鐘 | 冷藏2日 | 冷凍蔬菜OK

材料(2人份)

青蔥……………………**1根(110g)**
燙熟章魚……………………80g
A 味噌……………………1大匙
醋……………………1/2大匙
砂糖……………………1/2大匙
黃芥末醬……………………1/3小匙

作法

1 青蔥洗淨後先切4公分段再縱切一半，放入滾水中汆燙3分鐘，取出後放在濾網上瀝乾，接著再**以冷水降溫，稍微瀝乾**。
2 章魚切片。
3 將青蔥和章魚放入拌勻的**A**中，再次拌勻。

同時享受榨菜帶來的清脆口感

韓式青蔥拌榨菜

時間7分鐘 | 冷凍2週 | 冷藏2～3日 | 冷凍蔬菜OK

材料(2人份)

青蔥……………………**2根(220g)**
榨菜……………………30g
A 芝麻油……………………1大匙
雞粉……………………1/3小匙
胡椒……………………少許
蒜頭(磨泥)……………………1/3小匙

作法

1 青蔥洗淨切斜薄片，放入耐熱容器中，蓋上保鮮膜，微波加熱50秒，**保留一點口感**。
2 榨菜切粗碎末狀。
3 將青蔥、榨菜放入拌勻的**A**中，再次拌勻即完成。

爽口的檸檬風味

檸檬麵味露風味烤蔥

時間15分鐘 | 冷藏2～3日

材料(2人份)

青蔥……………………**3根(330g)**
A 麵味露(2倍濃縮)……3大匙
水……………………2大匙
檸檬(切片)……………………1/3顆

POINT

檸檬片醃漬超過一天會出現苦味，醃半天即可取出。

作法

1 青蔥洗淨後切成約6公分段，排放在鋁箔紙上，**放進小烤箱烤12分鐘，烤到青蔥變軟且微焦**。邊烤邊上下翻面。
2 趁熱放入拌勻的**A**中醃漬即可。

萵苣

● 產季／晚春～初夏
● 重要營養成分／膳食纖維、維生素C
● 食用功效／提升免疫力、增進腸道健康

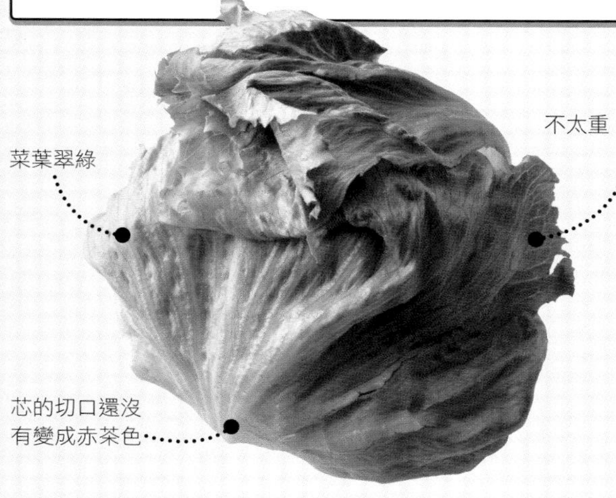

撕大片就能大量使用！

因為萵苣很容易損傷，能儘快吃完為主。可以將葉片**撕大片來做料理**，例如直接用大片生萵苣來包食材，或是做蒸的料理、煮湯，菜葉變軟後體積就減少了。

原來萵苣能有這麼多料理變化！

1/3顆

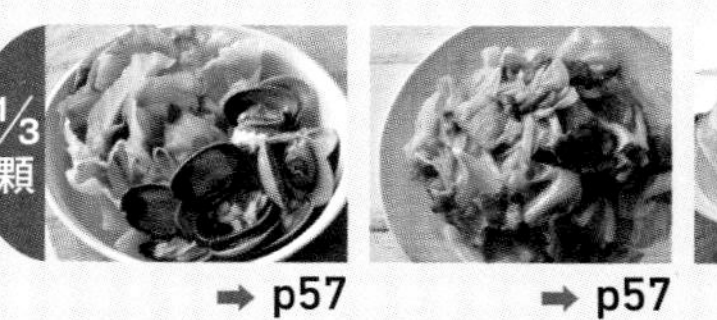

➡ p57　➡ p57

➡ p60

1/4顆

➡ p59　➡ p59　➡ p59

➡ p60　➡ p60

1/6顆

➡ p58

6葉

➡ p56　➡ p58

保存方法

冷藏 約2週

務必擦乾表面水分，再拿沾濕的廚房紙巾將芯包覆起來，就能防止水分蒸發，再包上一層報紙，最外層則用保鮮膜包妥，放進冰箱冷藏保存。這麼一來萵苣就不會乾枯，可以長時間保存。

冷藏 只限當日

若想要分小包裝保存萵苣，可以先撕成容易入口的大小，再放入保鮮袋中。不過要注意，手撕下來的菜葉無法長時間保存，要在當天使用完畢。

memo

芯已經變色的萵苣還可以吃嗎？

芯的部分會變成赤茶色，是因為多酚色素接觸到空氣氧化後的現象。食用上沒有問題，如果覺得心裡有疙瘩，就把它切掉也行。

主菜

將大片萵苣拿來包食材，纖維質滿滿！

萵苣包肉味噌

時間15分鐘

材料（2人份）

- 萵苣……**6葉（180g）**
- 豬絞肉……160g
- 青蔥……5公分
- 芝麻油……1大匙
- A 味噌……1大匙
  - 料理酒……1大匙
  - 醬油……1小匙
  - 砂糖……1小匙
  - 薑（磨泥）……1/2小匙

作法

1. 萵苣洗淨、瀝乾水分。青蔥洗淨後切成蔥花。
2. 將芝麻油倒入平底鍋中，開中火加熱，加入豬絞肉、蔥花拌炒，炒到絞肉變色，再放入**A**拌炒均勻。
3. 炒好的絞肉用萵苣包來食用。

POINT

除了結球萵苣，也可依個人喜好使用蘿蔓萵苣、橡葉萵苣等萵苣。直接擠上美乃滋食用也相當美味。

6葉

萵苣葉被迅速秒殺

主菜

盡享鮮味蛤蜊&蒜味萵苣

清蒸萵苣黃金蜆

時間10分鐘

材料(2人份)

萵苣 …… ⅓顆(200g)
蜆(已吐沙) …… 150g
蒜頭 …… 1瓣
A 水 …… ½杯
料理酒 …… 1大匙
芝麻油 …… 1小匙
鹽、胡椒 …… 各少許

作法

1 萵苣洗淨切4～6等分。蜆沖洗乾淨。蒜頭切末。

2 將A和蒜末、蜆放入鍋中，開中火，煮滾後蓋上蓋子，再煮3分鐘。

3 蜆殼打開後，**放入萵苣，繼續煮1分鐘。最後再以鹽、胡椒調味**。

主菜

搭配煎得酥脆的豬五花，吃過都說讚！

萵苣炒肉片

時間10分鐘

材料(2人份)

萵苣 …… ⅓顆(200g)
豬五花薄片 …… 150g
鹽 …… 少許
沙拉油 …… 1小匙
A 醬油 …… 2小匙
味醂 …… 1小匙
蒜頭(磨泥) …… ½小匙
鹽、胡椒 …… 少許

作法

1 先用**廚房紙巾將洗淨的萵苣上的水分擦乾**，切大片。豬肉切4公分寬，撒上鹽巴。

2 將油倒入平底鍋中，開中火加熱，放入豬肉片炒3分鐘，炒到肉呈現金黃。鍋內留½大匙的油，其餘用廚房紙巾吸乾。

3 將切片萵苣放入鍋中，再依序加入A的材料，**轉大火快炒至收汁即可**。

主食

令人滿足的萵苣口感

萵苣叉燒炒飯

時間15分鐘

材料（2人份）

萵苣……………… 1/6顆（100g）
白飯…………約2碗量（400g）
叉燒………………………………50g
青蔥…………………………6公分
蛋……………………………………1個
芝麻油……………1又1/2大匙
A 醬油………………1/2大匙
雞粉…………………1小匙
鹽、胡椒…………各少許

作法

1 叉燒切厚8毫米、長寬1.5公分的方形。萵苣洗淨切長寬3公分的方形。洗淨的青蔥切蔥花。蛋液打散。

2 將芝麻油倒入平底鍋中，開中火加熱，放入蔥花、叉燒拌炒2分鐘。接著放入白飯拌炒一下，再放入蛋液、依序加入**A**，一邊拌炒均勻。

3 將萵苣放入鍋中，**快炒**一下即可起鍋。

主食

口感清爽，做法簡單

滿滿萵苣煙燻鮭魚三明治

時間10分鐘

材料（2人份）

萵苣 …**4～6葉（120～180g）**
8片裝的吐司 ………………4片
煙燻鮭魚……………………8片
奶油乳酪……………………40g
奶油、黃芥末醬、美乃滋
…………………………各適量

作法

1 在吐司要夾入菜的那一面抹上奶油和黃芥末醬。

2 萵苣洗淨、**擦乾水分，用手輕輕壓扁**，接著以2～3葉為一組。將吐司以每2片為一組，依吐司、奶油乳酪、萵苣、美乃滋、煙燻鮭魚、吐司的順序夾起。**用保鮮膜包起來，放進冰箱冷藏大約20分鐘**。

3 從冰箱取出，切成2~4等分或容易入口的大小。

POINT

吐司換成法國麵包也很適合。

配菜

軟軟的萵苣也美味！

萵苣小番茄蛋花湯

時間10分鐘

材料（2人份）

萵苣……1/6～1/4顆（100～150g）
小番茄……6顆
蛋……1個
A 水……350ml
高湯塊……1塊
鹽、胡椒……各少許

作法

1 萵苣洗淨後用手撕成片狀。小番茄洗淨去掉蒂頭。

2 將A倒入鍋中，開中火煮滾，煮滾後加入萵苣和小番茄，繼續煮滾。

3 將蛋液以繞圈的方式加入鍋中，**待蛋花浮起再稍微攪拌一下。最後以鹽、胡椒調味。**

配菜

撕、淋、撒，快速完成！

韓式萵苣泡菜沙拉

時間5分鐘

材料（2人份）

萵苣……1/4顆（150g）
白菜泡菜……30g
鹽……少許
韓國海苔……適量
芝麻油……適量
白芝麻……1/2小匙

作法

1 用手將洗淨的萵苣撕成片狀，放入盤中，備用。

2 撒上鹽、淋上芝麻油，加入泡菜。接著放入手撕海苔、撒上白芝麻。吃的時候再攪拌均勻。

POINT

如果沒有韓國海苔，用燒海苔也OK。

配菜

酸甜滋味，清爽開胃

赤鯛生魚片萵苣沙拉

時間15分鐘

材料（2人份）

萵苣……1/4顆（150g）
赤鯛（生魚片用、已處理好）‥80g
小豆苗……1/4袋
檸檬……1/6顆
A 橄欖油……2大匙
檸檬汁……1大匙
醬油……1/2小匙
鹽、粗黑胡椒粉……各少許

作法

1 食材洗淨。萵苣切絲。小豆苗切掉根部，再切3公分段，洗淨並瀝乾水分。檸檬切薄片。

2 赤鯛切薄片。

3 先將萵苣鋪在盤中，再放上赤鯛。淋上拌勻的**A**，放入檸檬片，最後再放小豆苗即完成。

配菜

滑嫩溫泉蛋勾起食欲～

萵苣半熟蛋魩仔魚沙拉

時間10分鐘

材料(2人份)

萵苣……………………1/3顆(200g)
魩仔魚(新鮮的)………………30g
溫泉蛋……………………………1個
A 洋蔥(磨泥)……………1大匙
沙拉油、橄欖油、醋 各1大匙
醬油………………………1小匙
砂糖………………………1/4小匙
鹽…………………………1/6小匙

作法

1 萵苣洗淨後切4等分的片狀，鋪在盤中。
2 依序將魩仔魚、溫泉蛋放上去。
3 淋上**用打蛋器拌勻**的**A**。

POINT

也可依個人喜好撒上青紫蘇絲或蔥花。

配菜

運用多種食材，豐富口感和視覺層次

萵苣酪梨雞胸肉沙拉

時間15分鐘

材料(2人份)

萵苣……………………1/4顆(150g)
酪梨……………………………1/2個
紫洋蔥…………………………1/6顆
水煮雞胸肉……………………1/2片
A 橄欖油……………………2大匙
醋……………………………1大匙
鹽……………………………1/4小匙
粗黑胡椒粉…………………少許

作法

1 洗淨萵苣、去皮及籽，酪梨切1公分大小。紫洋蔥切末、泡水5分鐘，泡好**用廚房紙巾包起，逼出多餘的水分**。雞胸肉切1公分丁狀。
2 將萵苣、酪梨、紫洋蔥、雞胸放入碗中，淋上拌勻的**A**。

POINT

也可依個人喜好添加燙熟的花椰菜、番茄、彩椒等蔬菜。擠上美乃滋也OK。

配菜

溫和的酸味很爽口！

醋漬萵苣海帶芽蟹味棒

時間7分鐘

材料(2人份)

萵苣……………………1/4顆(150g)
新鮮海帶芽……………………30g
蟹味棒……………………………2條
鹽………………………………少許
A 醋……………………………2大匙
砂糖…………………………2小匙
醬油…………………………1/3小匙
鹽……………………………少許

作法

1 **萵苣洗淨後手撕成一口大小，撒上鹽，稍微搓揉一下，擰去水分。**
2 海帶芽切3公分寬。將蟹味棒剝散開來。
3 將萵苣、海帶芽、蟹味棒放入拌勻的**A**中，再次拌勻即完成。

胡蘿蔔

- **產季**／春季、秋季
- **重要營養成分**／β胡蘿蔔素、鉀、膳食纖維
- **食用功效**／抗氧化、預防高血壓、整腸功能

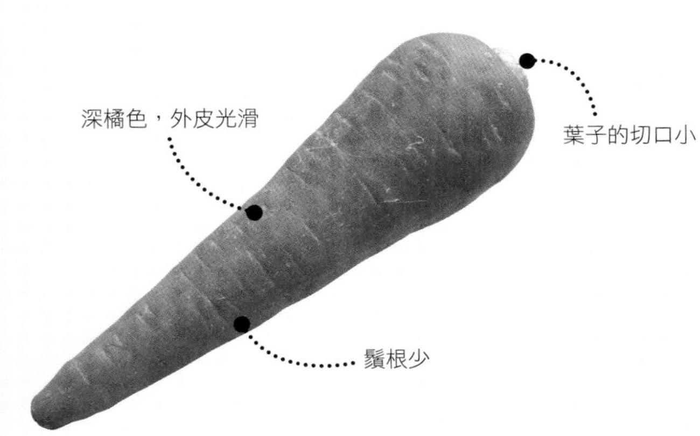

原來胡蘿蔔能有這麼多料理變化！

2根

➡ p62

1根

➡ p63

➡ p64

➡ p66

➡ p66

➡ p67

➡ p67

➡ p68

➡ p68

➡ p68

小的1根

➡ p65

➡ p66

½根

➡ p63

➡ p65

➡ p67

切碎末、加熱煮來吃都美味！

大量使用胡蘿蔔的重點在於切絲、磨泥、切碎末等，**切得細細小小的再和其他食材一起使用**。加熱可以增加胡蘿蔔的甜味，切大塊煎或煮也很好吃。

保存方法

常溫 約1週

胡蘿蔔怕濕氣，所以需一根一根用報紙分開包，再放在透氣性佳的籃子裡，放陰涼處保存。

冷藏 2～3週

先用廚房紙巾將水分擦乾，再一根一根用報紙分開包之後，再放入塑膠袋，葉子的切口朝上立在冰箱冷藏保存。

冷凍 2～3週

依個人喜好或食用習慣，切絲或切薄片後，放入保鮮袋冷凍保存。

主菜

立刻用掉兩根胡蘿蔔！

香煎胡蘿蔔培根

時間15分鐘

材料（2人份）

胡蘿蔔……2根（400g）
培根……2片
奶油……10g
鹽、粗黑胡椒粉……各少許
醬油……1小匙

作法

1 胡蘿蔔切掉蒂頭，再縱切一半，分別用保鮮膜包起來，微波加熱4～5分鐘。**邊加熱邊上下翻面**。培根切1公分寬。

2 將奶油放入平底鍋中，開中火加熱，放入胡蘿蔔，煎到微焦。撒上鹽、粗黑胡椒粉。**關火前再加入醬油**。將胡蘿蔔盛盤，培根放在胡蘿蔔上面，接著再淋上平底鍋中的奶油醬油即可。

主菜

每一口都咬得到胡蘿蔔，口感滿分

胡蘿蔔培根西班牙烘蛋

時間15分鐘 冷藏2日

材料（2人份、20公分平底鍋一只）

胡蘿蔔…………½根（100g）
培根…………2片
A 蛋…………4個
牛奶…………1大匙
鹽…………¼小匙
胡椒…………少許
橄欖油…………1大匙
番茄醬…………適量

作法

1 胡蘿蔔去皮，用刨絲器刨細絲、培根切1公分寬，都放入碗中，和A一起拌勻。

2 橄欖油倒入平底鍋中，開中火加熱，倒入混合好的胡蘿蔔、培根，**大大地攪拌，待半熟後轉小火，蓋上蓋子**。約煎5分鐘後，底部呈金黃色且蛋液凝固就可以翻面。再次蓋上蓋子，同樣的方法繼續煎5分鐘。盛盤、分切，搭配番茄醬一起食用。

主菜

甜甜的胡蘿蔔和微辣的柚子胡椒超對味

柚子胡椒炒胡蘿蔔雞絞肉

時間20分鐘 冷凍蔬菜OK

材料（2人份）

胡蘿蔔（切絲）……1根（200g）
雞絞肉…………200g
鹽、胡椒…………各少許
沙拉油…………½大匙
A 料理酒…………1大匙
奶油…………5g
柚子胡椒……少於1小匙
鹽…………少許

作法

1 雞絞肉用手壓平，撒上鹽、胡椒。

2 將沙拉油倒入平底鍋中，放入雞絞肉，開中火煎4分鐘。邊煎邊上下翻面，並**用鍋鏟切成2公分塊狀**。放入胡蘿蔔一起拌炒3～4分鐘。

3 拿廚房紙巾將平底鍋中多餘的油擦掉，加入A，**快速拌炒一下**。

主菜

分量超足的胡蘿蔔絲

胡蘿蔔漢堡排

時間20分鐘　冷凍2週　冷藏2～3日

材料（2人份；2個）

胡蘿蔔……………………**1根（200g）**

A
- 牛豬絞肉……………………200g
- 洋蔥……………………………1/6顆
- 蛋………………………………1個
- 麵包粉…………………………1/3杯
- 鹽………………………………1/4小匙
- 胡椒……………………………少許
- 肉豆蔻（或是多香果）…少許

橄欖油…………………………1/2大匙

B
- 水煮番茄罐頭……………1杯
- 水…………………………………1/2杯
- 料理酒…………………………2大匙
- 高湯塊…………………………1/2塊
- 乾燥綜合香草………1/3小匙

作法

1. 胡蘿蔔去皮，用刨絲器刨細絲。將A的洋蔥切末。將胡蘿蔔絲、A放入碗中拌勻，摔出黏性。接著分成2等分，分別**整形成橢圓形**。
2. 將橄欖油倒入平底鍋中，放入2塊蘿蔔絲絞肉，開中火煎5分鐘。兩面都要煎到呈現金黃色。
3. 將B倒進鍋中空出來的地方，煮滾，煮滾後**蓋上蓋子，轉小火煮7分鐘即完成**。

配菜

超級美味的韓風蔬菜煎餅！

胡蘿蔔韭菜煎餅

時間15分鐘

材料（2人份）

- 胡蘿蔔……………½根（100g）
- 韭菜……………………………½把
- 芝麻油…………………………½大匙
- A 低筋麵粉…………………80g
  - 太白粉……………………20g
  - 蛋…………………………1個
  - 水…………………………½杯
  - 雞粉…………少於1小匙
- B 醬油………………………1大匙
  - 醋…………………………½大匙
  - 韓國辣椒醬………1小匙
  - 砂糖……………………1小匙

作法

1. 胡蘿蔔去皮切絲。韭菜洗淨切3公分段，備用。
2. 將胡蘿蔔、韭菜加入拌勻的A，再一起攪拌均勻。
3. 芝麻油倒入平底鍋中，開中火加熱，將拌勻的胡蘿蔔韭菜麵糊滑入鍋中，**薄薄地攤平**，煎6分鐘，兩面都要煎到呈現金黃色。切成容易入口的方形大小，盛盤，再沾拌勻的B食用。

主食

胡蘿蔔本身的甜味和奶油超對味！

胡蘿蔔奶油拌飯

時間50分鐘　冷凍2週

材料（2人份）

- 胡蘿蔔………**小的1根（150g）**
- 米………量米杯2杯（360ml）
- 鹽…………………………½小匙
- 奶油………………………10g
- 荷蘭芹（切末）….依喜好添加

POINT

可以炒好直接享用，也可以搭配咖哩或炸豬排。加入培根或維也納香腸也好吃。

作法

1. 米洗好後放入電子鍋，加360ml的水，泡30分鐘以上，讓米吸飽水。
2. 胡蘿蔔先削皮再切成碎末。
3. **將米的水倒掉2大匙**，加入鹽巴拌勻。放入胡蘿蔔碎末、奶油，以一般煮飯模式烹煮。煮好後大致拌一下，可以再撒上一點荷蘭芹末增添風味。

配菜

香甜可口，挑食小孩也很愛！

胡蘿蔔奶油濃湯

時間25分鐘　冷凍2週　冷藏2日

材料（2人份）

- 胡蘿蔔……小的1根（150g）
- 馬鈴薯……½個
- 洋蔥……⅓顆
- 奶油……10g
- A 水……1杯
- A 高湯塊……½塊
- B 牛奶……150ml
- B 鮮奶油……½杯
- B 鹽……少許

作法

1. 胡蘿蔔、馬鈴薯先削皮，再切0.5公分厚的圓片。洋蔥去皮切薄片。
2. 奶油放入鍋中，開小火加熱，放入胡蘿蔔、馬鈴薯、洋蔥，炒5分鐘。接著倒入A煮滾，煮滾後蓋上蓋子，同樣以小火煮10分鐘，接著放涼。
3. 放涼後，用食物攪拌器拌勻，**再加入B，開小火加熱至沸騰**。盛入碗中，依個人喜好加入麵包丁（材料表以外）。

配菜

只把胡蘿蔔當裝飾就太可惜了！

冰鎮奶油胡蘿蔔

時間20分鐘　冷藏2～3日

材料（2人份）

- 胡蘿蔔……1根（200g）
- A 水……½杯
- A 奶油……4g
- A 砂糖……½大匙
- A 鹽……少許（⅛小匙）

作法

1. 胡蘿蔔先削皮再切成**條塊狀**。
2. 將A、胡蘿蔔放入鍋中，開中火煮滾，煮滾後**蓋上蓋子轉小火**，煮15分鐘。煮到能用竹籤刺透胡蘿蔔的程度。

POINT

胡蘿蔔切圓片也OK。或者加入地瓜一起煮也很好吃。

配菜

連討厭胡蘿蔔的人都會愛上！

法式胡蘿蔔沙拉

時間10分鐘　冷藏2日

材料（2人份）

- 胡蘿蔔……1根（200g）
- 葡萄乾……2大匙
- A 橄欖油……1又½大匙
- A 檸檬汁（或醋）……1小匙
- A 鹽……¼小匙

作法

1. 胡蘿蔔去皮，用刨絲器刨細絲。
2. 將胡蘿蔔絲、葡萄乾放入碗中，再倒入A拌勻。

POINT

加入核桃、鮪魚罐頭也好吃。也可以試試撒點孜然粉。

檸檬、胡蘿蔔和帶點油脂的鯖魚，超搭！

檸檬漬胡蘿蔔絲鯖魚

時間15分鐘 冷藏2日

材料（2人份）

- 胡蘿蔔……1根（200g）
- 薄鹽鯖魚……半片
- 檸檬……½顆
- A 橄欖油……2又½大匙
  - 鹽、胡椒……各少許
  - 砂糖……1撮
  - 月桂葉（如果有）……3葉

作法

1. 胡蘿蔔去皮，用刨絲器刨絲。薄鹽鯖魚切2公分寬，放進小烤箱烤7分鐘，**烤到呈現金黃色**。檸檬切2小片，其餘擠出汁液和A一起拌勻，備用。
2. 將胡蘿蔔絲、烤好的鯖魚都放入A中拌勻即可。

甜甜辣辣超下飯

金平胡蘿蔔絲竹輪

時間15分鐘 冷凍2週 冷藏2～3日

材料（2人份）

- 胡蘿蔔……1根（200g）
- 竹輪……1根
- 芝麻油……½大匙
- A 砂糖……1大匙
  - 醬油……1大匙
  - 白芝麻……½小匙

*金平（きんぴら）：將根莖類蔬菜切成細條狀，加入日式調味料拌炒而成的小菜。

作法

1. 胡蘿蔔去皮後切短條狀。竹輪先橫剖對半，再斜切0.5公分寬。
2. 將芝麻油倒入平底鍋中，開中火加熱，放入胡蘿蔔和竹輪炒4分鐘。接著加入A拌炒，**炒到收汁即可**。

非常受小孩歡迎的小菜

燉煮胡蘿蔔與蘿蔔乾

時間40分鐘 冷凍2週 冷藏2～3日 冷凍蔬菜OK

材料（2人份）

- 胡蘿蔔……½根（100g）
- 蘿蔔乾……30g
- 油炸豆皮……½片
- 沙拉油……½大匙
- A 高湯……1又½杯
  - 醬油……1又⅔大匙
  - 砂糖……1又½大匙
  - 味醂、料理酒……各1大匙

作法

1. 胡蘿蔔去皮切成長4公分的條狀。豆皮先切3等分再切5毫米寬的條狀。蘿蔔乾泡水15分鐘，瀝乾水分後切成4等分。
2. 將油倒入鍋中，開中火加熱，放入胡蘿蔔、豆皮、蘿蔔乾，炒3分鐘。接著加入A煮滾，煮滾後轉小火，**蓋上蓋子**，繼續煮15分鐘即可。

用核桃創造畫龍點睛的口感與香氣

胡蘿蔔拌核桃

時間10分鐘　冷凍2週　冷藏2日　冷凍蔬菜OK

材料(2人份)

胡蘿蔔……1根(200g)
核桃……35g
A 鹽……少許
醬油……1小匙
砂糖……½小匙

POINT

也可用芝麻取代核桃。加少許味噌也好吃。

作法

1 **胡蘿蔔去皮，用刨絲器刨絲**，放入耐熱容器中，蓋上保鮮膜，微波加熱1分鐘。如果出水，用廚房紙巾包起逼出水分。
2 將核桃放入稍微厚一點的塑膠袋中，用桿麵棍或硬物敲碎。
3 將胡蘿蔔絲、核桃放入A中拌勻即可盛盤。

柑橘的酸甜襯托出胡蘿蔔的甜味

柑橘胡蘿蔔薄片沙拉

時間10分鐘　冷藏2日

材料(2人份)

胡蘿蔔……1根(200g)
橘子……1個
A 橄欖油……1又½大匙
醋……1小匙
檸檬汁……1小匙
鹽……⅓小匙
胡椒……少許

作法

1 胡蘿蔔去皮後用刨刀**刨成薄片**。
2 去除橘子果肉四周的薄膜，切對半備用。
3 將胡蘿蔔片和橘子放入A中拌勻即可。

口感清脆，顏色漂亮

胡蘿蔔四季豆沙拉

時間10分鐘　冷藏2日

材料(2人份)

胡蘿蔔……1根(200g)
四季豆……4根
櫻花蝦……3g
A 魚露……1大匙
沙拉油……1大匙
檸檬汁……½大匙
辣椒(切圓片)……1撮
腰果(切粗末)……20g
香菜(洗淨切段)……依喜好添加

作法

1 胡蘿蔔先去皮後切絲，用一點點鹽（材料表以外）搓揉一下，**稍微擰掉水分**。
2 四季豆放入滾水中煮5分鐘，取出泡冷水，斜切，去除頭尾。
3 將胡蘿蔔絲、四季豆、櫻花蝦和A一起拌勻。吃的時候再放上腰果碎末、香菜。

POINT

腰果改為其他堅果如花生、核桃、杏仁等都很適合。

小黃瓜

- 產季／夏季
- 重要營養成分／鉀、維生素C
- 食用功效／利尿、消水腫

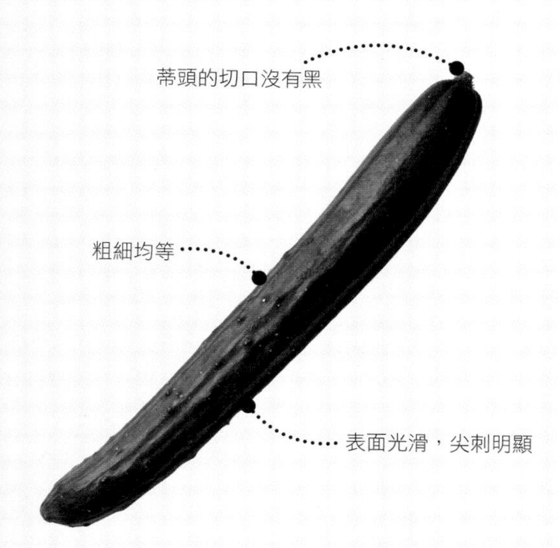

不是只能生吃！炒來吃也很美味！

小黃瓜通常都是生吃比較多。抹鹽就能減少體積，做成涼拌菜或醋料理、當作裝飾菜等，就能大量用掉小黃瓜。另外，**做成醃漬菜或泡菜就能長時間保存**。不只如此，小黃瓜用炒的也很好吃，還能快速上菜。

保存方法

常溫　1～2日

常溫保存僅限於冬季。建議將小黃瓜一根一根用廚房紙巾分開包，放進塑膠袋，置於陰涼處保存。

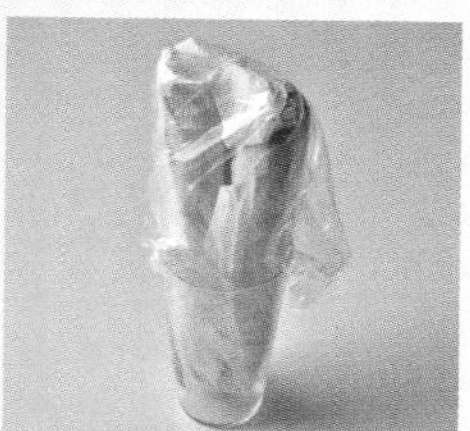

冷藏　約1週

小黃瓜表面如果有水就容易損傷，需先用廚房紙巾將水擦乾。此外，小黃瓜也不耐低溫，請一根一根分別用廚房紙巾包起，再放進塑膠袋立在冰箱冷藏保存。

原來小黃瓜可以變化出這麼多種料理！

4條

→ p76

→ p76

→ p76

2條

→ p70

→ p71

→ p71

→ p73

→ p73

→ p74

→ p75

→ p75

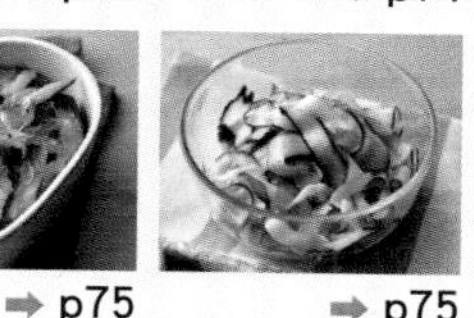
→ p75

1又1/2條

→ p72

1條

→ p74

→ p74

主菜

洋蔥醬是這道菜的美味重點

洋蔥泥拌豬里肌小黃瓜

時間15分鐘

材料(2人份)

- 小黃瓜……2條(200g)
- 豬肩里肌薄片……150g
- 鹽、胡椒、低筋麵粉……各適量
- 沙拉油……1大匙
- A
  - 洋蔥(磨泥)……1/8顆
  - 醋……1又1/2大匙
  - 沙拉油……1又1/2大匙
  - 醬油……1又1/2小匙
  - 砂糖……1/2小匙
  - 黃芥末醬……1/3小匙
  - 鹽……少許

作法

1. 將洗淨的小黃瓜放進塑膠袋中，用擀麵棍或硬物敲打，敲打至容易入口的大小。
2. 豬肉片切5公分寬，撒上鹽、胡椒、低筋麵粉。將油倒入平底鍋中，開中火加熱，放入肉片，兩面煎至金黃色。煎熟取出，**放在廚房紙巾上吸去多餘油分**。
3. **吃的時候**再將小黃瓜、豬肉片放入拌勻的A中，再次拌勻即完成。

POINT

享用前再拌勻，便能維持豬肉片的彈牙口感。

爽脆口感增加滿足感

小黃瓜拌燒肉泡菜

時間15分鐘

材料(2人份)

- 小黃瓜……………**2條(200g)**
- 邊角切下的牛肉（或是烤肉用肉）……160g
- 白菜泡菜……………………40g
- 芝麻油……………………2小匙
- 烤肉醬……………………2大匙
- 辣椒絲……………依喜好添加

作法

1. 將洗淨的小黃瓜放進塑膠袋中，用擀麵棍或硬物輕輕敲打，再斜切成容易入口的大小。
2. 將1小匙芝麻油倒入平底鍋中，開中火加熱，放入牛肉炒4分鐘。
3. 將烤肉醬倒入鍋中，**快炒一下就關火**。接著和小黃瓜、泡菜、剩下的芝麻油一起拌勻，盛盤。可依喜好添加一點辣椒絲。

也可用苦瓜取代小黃瓜來做

小黃瓜日式雜炒

時間15分鐘

材料(2人份)

- 小黃瓜……………**2條(200g)**
- 豬五花薄片………………100g
- 木棉豆腐………2/3塊(200g)
- 蛋……………………………1個
- 沙拉油……………………1小匙
- **A**
  - 醬油…………1又1/2大匙
  - 料理酒…………1/2大匙
  - 砂糖……………………1小匙
  - 薑(磨泥)…………1小匙
  - 烹大師調味料（顆粒）…………1/2小匙
- 柴魚片……………………適量

作法

1. 小黃瓜洗淨後先縱切對半，再斜切大塊。豬肉片切4公分寬。豆腐放入耐熱容器中，蓋上保鮮膜，微波加熱2分鐘。取出豆腐，用廚房紙巾擦去水分，切成寬1.5公分×長4公分的塊狀。
2. 油倒入平底鍋中，開中火加熱，放入豬肉、豆腐，炒到呈現金黃色。接著放入小黃瓜**快炒**一下，再加入蛋液一起炒。
3. 將**A**倒入鍋中，**稍微拌炒**一下，盛盤，撒上柴魚片。

小黃瓜、鰹魚、醋飯和美味醬汁的完美組合

主食

小黃瓜鰹魚散壽司

時間50分鐘

材料(2人份)

小黃瓜……… **1又1/2條(150g)**
米(洗淨泡水30分鐘以上)
……………2量米杯(360ml)
鰹魚(生魚片用、已處理好)
……………………………250g
薑(切絲)……………………1/2片
青蔥(切蔥花)………………4根
白芝麻………1～1又1/2大匙
鹽……………………………1/4小匙

A 醬油……………………3大匙
味醂……………………1大匙

B 醋………………………3大匙
砂糖……………………1大匙
鹽………………………1小匙

作法

1 洗好的米放入電鍋，加的**水量約略比鍋內刻度少一點點**，以烹煮壽司飯或一般煮飯的模式烹煮。小黃瓜洗淨後切0.2公分厚的圓片，撒上鹽靜置5分鐘，瀝掉水分。薑絲泡水後瀝乾。

2 鰹魚切0.5公分厚的塊狀。將拌勻的**A**先舀起一大匙另外放，接著將鰹魚塊放入剩下的**A**中，放進冰箱冷藏醃漬15～20分鐘。

3 將煮好的白飯放入碗中，馬上和拌勻的**B**攪拌均勻，拌的方法**就像是拿扇子煽風般地切、撥**。接著將事先拿起的一大匙**A**醬汁、小黃瓜、半份蔥花、半份鰹魚、半份白芝麻全部混在一起拌勻。盛盤後再放上剩下的鰹魚、蔥花、白芝麻、薑絲即完成。

主菜

一口同時吃到軟嫩的雞肉和小黃瓜

滿滿小黃瓜的口水雞

時間15分鐘

材料（2人份）

- 小黃瓜……2條（200g）
- 去骨雞腿肉……1隻
- 鹽、胡椒……各少許
- 料理酒……1大匙
- A
  - 青蔥（切蔥花）……1/3根
  - 醬油……1又2/3大匙
  - 黑醋……1大匙
  - 砂糖……2小匙
  - 辣油、白芝麻……各1小匙
  - 蒜頭（磨泥）、薑（磨泥）……各1/2小匙
  - 香菜（洗淨）……適量

作法

1. 小黃瓜洗淨、切絲。
2. 去骨雞腿肉切掉多餘的雞皮及脂肪，厚薄均一地攤平，兩面都撒上鹽、胡椒。**皮朝下**放入耐熱容器中，淋上料理酒，蓋上保鮮膜，微波加熱4分鐘，微波過程中要將雞肉上下翻面。**舀1大匙微波後的雞湯另外放**。雞肉放涼後切成1公分厚。
3. 將小黃瓜絲和雞腿肉盛盤，淋上拌勻的A及微波後的1大匙雞湯，放上香菜。

主食

超級適合夏天的開胃料理！

小黃瓜鮪魚烏龍麵

時間10分鐘

材料（2人份）

- 小黃瓜……2條（200g）
- 烏龍麵……2份
- 鮪魚罐頭……1罐（75g）
- 玉米罐頭……40g
- 鹽……1/3小匙
- A
  - 麵味露（依個人喜好調整用量）…1/2杯
  - 醋……1大匙
  - 沙拉油……1大匙
- 美乃滋……適量

作法

1. 小黃瓜洗淨、切絲，撒上鹽，稍微搓揉，靜置5分鐘後**瀝掉水分**。
2. 烏龍麵按照包裝標示煮熟，煮熟後**泡一下冷水降溫，瀝乾水分**。
3. 將烏龍麵盛入碗中，放入小黃瓜、已瀝掉油的鮪魚、玉米。淋上拌勻的A，擠入美乃滋。

配菜

也可拌飯或麵

小黃瓜冷湯

時間15分鐘 | 冷藏2日

材料（2人份）

- 小黃瓜……………………**1條（100g）**
- 茗荷（日本薑）……………………1個
- 青紫蘇……………………………4片
- 水煮鯖魚罐頭……………………80g
- 鹽……………………………1/4小匙
- A 味噌…………………………2大匙
- A 白芝麻仁…………1又1/2大匙
- 高湯（冷的）……………1又1/2杯

作法

1. 小黃瓜洗淨後切薄圓片，撒上鹽稍微搓揉，靜置5分鐘，接著用水沖洗一下、瀝乾水分。茗荷切末，青紫蘇切絲，茗荷和青紫蘇切好都要先稍微泡一下水再瀝乾。
2. 鯖魚肉稍微撥散開來。
3. **慢慢地將冷高湯倒入拌勻的A一起拌勻**，最後再加入小黃瓜、茗荷、青紫蘇、鯖魚，一起拌勻。

配菜

超級韓國味

韓式辣醬拌小黃瓜鮪魚

時間15分鐘

材料（2人份）

- 小黃瓜……………………**1條（100g）**
- 鮪魚（生魚片用、已處理好）··80g
- A 韓國辣椒醬…………1/2大匙
- A 醬油…………………………1小匙
- A 芝麻油………………………1小匙
- A 蒜頭（磨泥）…………1/3小匙
- 白芝麻（依喜好添加）………適量

作法

1. 小黃瓜洗淨後切滾刀塊。
2. 鮪魚切1.5公分塊狀。
3. 將小黃瓜和鮪魚放入拌勻的A中一起拌勻，再依喜好撒上適量白芝麻。

配菜

用更容易取得的小黃瓜取代青木瓜

泰式鮮蝦沙拉

時間15分鐘

材料（2人份）

- 小黃瓜……………………**2條（200g）**
- 蝦仁………………………………50g
- 豬絞肉……………………………50g
- 鹽……………………………1/2小匙
- A 沙拉油…………………………1大匙
- A 魚露……………………………1大匙
- A 檸檬汁…………………………1/2大匙
- 花生（切粗碎末）………………15g
- 香菜（洗淨切2公分段）……適量

作法

1. 小黃瓜洗淨，先縱切對半，再斜切薄片，撒上鹽靜置5分鐘，用水沖一下，稍微擰掉水分。
2. 蝦子去除腸泥，放入滾水中煮3分鐘後取出。接著將豬絞肉放入同一鍋熱水中煮，煮到絞肉變色。煮好的蝦子和絞肉都要瀝乾水分，備用。
3. 將小黃瓜、蝦仁、豬絞肉放入拌勻的A一起拌勻。盛盤，放上花生碎末、香菜點綴。

常備菜

切一切、拌一拌，輕鬆完成
小黃瓜明太子沙拉

時間15分鐘　冷藏2日

材料（2人份）

小黃瓜……2條（200g）
明太子……30g
A 美乃滋……1又1/2大匙
　醬油……1/2小匙

作法

1 小黃瓜洗淨，切1公分塊狀。
2 明太子去除外層的膜。
3 將明太子和**A**放入碗中拌勻，接著再加入小黃瓜一起拌勻。

常備菜

能快速上菜又容易保存
韓式涼拌小黃瓜

時間5分鐘　冷藏3～4日

材料（2人份）

小黃瓜……2條（200g）
櫻花蝦……5g
A 芝麻油……1大匙
　白芝麻……1小匙
　蒜頭（磨泥）……1/2小匙
　雞湯粉……1/2小匙
　鹽、胡椒……各少許

作法

1 將洗淨的小黃瓜放進塑膠袋中，用擀麵棍或硬物輕輕敲打，再切成容易入口的大小。
2 將小黃瓜、櫻花蝦放入拌勻的**A**一起拌勻。

常備菜

花枝的煙燻味和小黃瓜很契合！
煙燻花枝小黃瓜沙拉

時間5分鐘　冷藏2～3日

材料（2人份）

小黃瓜……2條（200g）
煙燻花枝（市售品）……35g
A 橄欖油……1又1/2大匙
　醋……1/2大匙
　法式黃芥末醬……1/2小匙
　鹽、胡椒……各少許

作法

1 小黃瓜洗淨後**用刨刀器刨薄片**，每片的長度再切2～3等分。
2 將小黃瓜、煙燻花枝放入拌勻的**A**一起拌勻。

常備菜

家家戶戶必備的經典常備菜

醋漬小黃瓜

時間15分鐘 | 冷藏1週

材料(2人份)

小黃瓜 ……………… **4條(400g)**
鹽 ……………… 1小匙
A 醋 ……………… 150ml
水 ……………… 1/4杯
砂糖 ……………… 5大匙
鹽 ……………… 1小匙
紅辣椒(去籽) ……………… 1/2根
黑胡椒(粗粒) ……………… 1小匙
月桂葉 ……………… 2片

作法

1 小黃瓜洗淨後切3～4等分，撒上鹽稍微搓揉，靜置10分鐘後擰乾水分，放入保鮮容器中。

2 將A放入鍋中，開中火加熱，煮滾後關火，**趁熱倒入小黃瓜的容器內，蓋緊蓋子**。放進冰箱冷藏**醃漬1天以上**。

常備菜

乾香菇為美味加分！

甘醋醬油漬小黃瓜

時間10分鐘 | 冷藏3～4日

材料(2人份)

小黃瓜 ……………… **4條(400g)**
胡蘿蔔 ……………… 1/2根
乾香菇(泡水) ……………… 5g
薑(切絲) ……………… 1片
A 醬油 ……………… 1/2杯
醋 ……………… 1/4杯
砂糖 ……………… 5大匙
紅辣椒(切圓片) ……………… 1撮

作法

1 小黃瓜洗淨先切3～4等分，再縱切4等分成條狀。胡蘿蔔去皮用刨絲器刨細絲。乾香菇泡水、取出切薄片。

2 將A放入鍋中，開中火加熱，煮滾後放入1的乾香菇，煮3分鐘後**關火**，再加入小黃瓜、胡蘿蔔絲、薑絲。

3 全部放入保鮮容器中，放進冰箱冷藏**醃漬3小時以上**。

常備菜

就像跟攤販買的可口小吃

醃漬整條小黃瓜

時間10分鐘 | 冷凍2週 | 冷藏2日

材料(2人份)

小黃瓜 ……………… **4條(400g)**
鹽 ……………… 1小匙
A 烹大師調味料(顆粒) ……………… 1小匙
紅辣椒(切圓片) ……………… 1撮

POINT

也可用昆布來取代烹大師調味料。

作法

1 先切掉洗淨的小黃瓜兩頭，再**用刨刀刨出有如斑馬的條紋**。

2 將小黃瓜放入保鮮袋中，**撒上鹽確實搓揉**，接著放入A，密封後直接放進冰箱冷藏醃漬一個晚上。

番茄

- 產季／夏季
- 重要營養成分／β胡蘿蔔素、維生素C、茄紅素
- 食用功效／抗氧化、預防動脈硬化

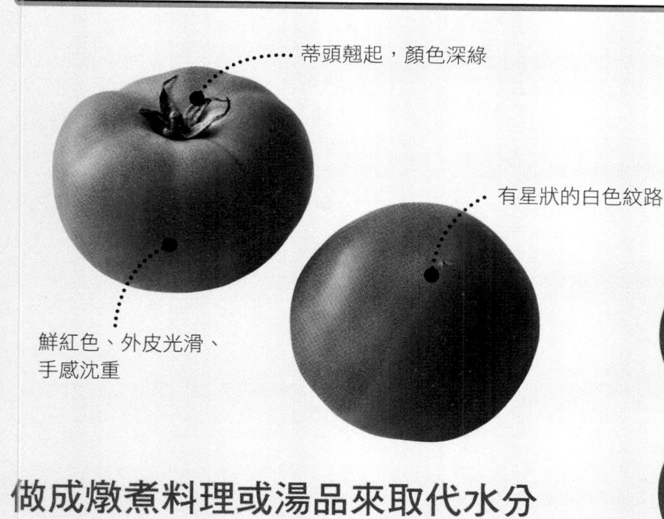

原來番茄能有這麼多種料理變化！

5顆

➡ p83

4顆

➡ p78

3顆

➡ p80 ➡ p83 ➡ p83

2顆

➡ p80 ➡ p81

➡ p82 ➡ p82 ➡ p84

1顆

➡ p79 ➡ p81 ➡ p84

小的2顆

➡ p82

小番茄

➡ p84

做成燉煮料理或湯品來取代水分

要大量使用番茄，**最好的方法就是燉煮或做成湯品等**。當然，除了整顆醃漬、涼拌之外，也很適合炒。如果番茄的量真的多到用不完，建議先冷凍保存。

保存方法

常溫　1～2日

蒂頭朝下，放在陰涼處保存。不過如果是青綠色的番茄，就不適合在炎熱的時節常溫保存，要放進冰箱冷藏保存。

冷藏　約2週

用廚房紙巾分別包起，再放入保鮮袋中，蒂頭朝下冷藏保存。

冷凍　3～4週

已經去蒂頭的整顆番茄、或是已經切塊的番茄，都要放入保鮮袋冷凍保存。要用時不需要先解凍，直接取出烹調即可。

主菜

番茄的酸味和起司是絕配

番茄起司鍋

時間20分鐘

材料（2人份）

番茄		**4顆（520g）**
雞腿肉		1隻
維也納香腸		4條
洋蔥		½顆
鴻禧菇		½包
四季豆		6根
蒜頭（切末）		1瓣
橄欖油		½大匙
鹽、胡椒		各少許
A	水	1～1又½杯
	高湯塊	1又½塊
	酒	2大匙
	砂糖	1小匙
	鹽	少許
起司、粗黑胡椒粉（依個人喜好）		各適量

作法

1 食材洗淨。番茄切3公分塊狀，預先拿起1顆的分量另外放。雞腿肉切4公分塊狀，撒上鹽、胡椒。洋蔥切片狀。鴻禧菇切掉根部、稍微撥散。四季豆去蒂頭，切成2～3等分。

2 將橄欖油、蒜末倒入鍋中，開中火加熱，加入雞肉塊、洋蔥炒4分鐘。接著放入番茄、**A**，煮滾後放入維也納香腸、鴻禧菇、四季豆，轉小火，蓋上蓋子，煮10分鐘。

3 **放入預先拿起的番茄，煮1～2分鐘後關火**。最後再依個人喜好放入起司、粗黑胡椒粉。

4顆

必吃的義式番茄料理

蒜炒花枝番茄

時間15分鐘

材料(2人份)

- 番茄……**1顆(130g)**
- 花枝……1隻
- 蒜頭……1瓣
- 橄欖油……1大匙
- 白葡萄酒……½大匙
- 鹽、粗黑胡椒粉……少許
- 義大利香芹……適量

作法

1. 先切除花枝的內臟、軟骨、嘴巴，身體的部分切成圓圈狀，腳、鰭切成一口大小。番茄洗淨切2公分塊狀。蒜頭切末。
2. 將橄欖油和蒜末倒入平底鍋，開中火加熱，放入花枝炒3分鐘。
3. 接著在鍋中依序加入白葡萄酒、番茄塊**快炒**，再撒點鹽、黑胡椒調味後盛盤，最後用義大利香芹裝飾。

主菜

完美融合牛肉的鮮味與番茄的酸味，人間絕品

紅酒燉番茄牛肉

時間80分鐘 | 冷凍2個月 | 冷藏3～4日 | 冷凍蔬菜OK

材料（2人份）

- 洗淨的番茄……**3顆（390g）**
- 牛腱……400g
- 去皮洋蔥……½顆
- 蒜頭……1瓣
- **A**
  - 鹽……½小匙
  - 胡椒……少許
  - 低筋麵粉……1大匙
- 奶油……10g
- 紅葡萄酒……½杯
- 鹽、粗黑胡椒粉、荷蘭芹（切末）……適量
- 鮮奶油……2大匙

作法

1. 牛腱肉切5公分塊狀，接著由上而下依序撒上**A**。番茄切3公分塊狀。洋蔥切片狀。蒜頭去皮及芯後切薄片。
2. 奶油放入鍋中，開中火加熱，加入牛肉塊、洋蔥、蒜片炒4分鐘。
3. 在鍋中放入番茄塊、倒入紅葡萄酒，同樣以中火煮滾，煮滾後蓋上蓋子，轉小火煮1小時，過程偶爾要攪拌一下。最後再撒點鹽、黑胡椒粉調味。盛盤，加入鮮奶油、撒上荷蘭芹末。

主菜

在家常菜裡加入冬粉，創造新食感！

番茄冬粉炒蛋

時間15分鐘

材料（2人份）

- 番茄……**2顆（260g）**
- 冬粉……30g
- 蛋……3個
- 芝麻油……1大匙
- **A**
  - 醬油……1又⅓大匙
  - 黑醋……1又½大匙
  - 鹽……少許

作法

1. 洗淨的番茄切2公分塊狀。冬粉泡4分鐘熱水後再泡冷水，接著瀝乾水分。在碗裡打蛋，將蛋液拌勻。
2. 將½匙芝麻油倒入平底鍋，開中火加熱，放入**蛋液快炒至半熟，取出備用**。
3. 在鍋中倒入剩下的芝麻油，開中火加熱，加入番茄塊、冬粉炒2分鐘。接著放入半熟蛋，倒入**A**再一起拌炒。

主食

畫龍點睛的醃梅乾＆青紫蘇

番茄梅子涼麵

時間15分鐘

材料（2人份）

番茄……………………**1顆（130g）**

麵線……………………150～200g

醃梅乾……………………………2個

青紫蘇……………………………4片

A｜麵味露………依個人喜好的鹹度添加

｜白芝麻………………1大匙

變化款

如果想換個口味，可以用「起司粉、橄欖油、羅勒」取代「芝麻仁和醃梅乾」，做成義式風味也很好吃。

作法

1 醃梅乾去籽切碎末。番茄切1公分塊狀。

2 將洗淨的番茄、醃梅乾、A一起拌勻，做成醬料。青紫蘇切絲，稍微泡一下水，瀝乾水分。

3 麵線煮熟後泡冷水。將醬料和青紫蘇盛入碗中，沾麵線一起享用。

配菜

義大利招牌美食！

番茄馬札瑞拉起司卡布里沙拉

時間10分鐘

材料（2～3人份）

番茄……………………**2顆（260g）**

莫札瑞拉起司……1塊（100g）

羅勒葉……………………4～6葉

鹽……………………………………適量

粗黑胡椒粉…………………………適量

橄欖油………………………………適量

作法

1 洗淨的番茄切0.8公分厚片。**拿廚房紙巾將馬札瑞拉起司上的水氣擦乾**，再切成0.8公分厚片。

2 將番茄片和起司片交互疊放，**隨意擺上羅勒葉**，淋上橄欖油，撒上鹽、黑胡椒。

想吃得清爽點的時候

番茄秋葵拌水雲

時間7分鐘

材料(2人份)

番茄……………… 小的2顆(200g)
秋葵……………………………………3根
水雲(台灣常見的是乾燥過的水雲,可用熱水沖泡還原)……1盒

作法

1 番茄洗淨切5公分塊狀。
2 砧板上撒上鹽(材料表以外),秋葵先在鹽巴上滾一下,放進滾水中煮2分鐘,取出泡冷水去除外表絨毛,瀝乾水分,切成0.8公分寬的片狀。
3 將番茄、秋葵拌入水雲中即完成。

拌一拌就完成!快速又方便

芝麻油拌番茄昆布

時間5分鐘

材料(2人份)

番茄…………………………2顆(260g)
鹽昆布 ………………………………2撮
A | 芝麻油 ……………………… 1大匙
  | 蒜頭(磨泥)…………… 1/4小匙
  | 鹽 ……………………………… 少許

*編註:水雲可在台灣進口超市取得。

作法

1 番茄洗淨切2公分塊狀。
2 將番茄、鹽昆布放入拌勻的A中一起拌勻即可。

俄羅斯經典菜色的簡易版,視覺味蕾都滿足

番茄銀荊花沙拉

時間7分鐘

材料(2人份)

番茄……………………………顆(260g)
水煮蛋 ………………………………1個
鹽、胡椒………………………各少許
A | 橄欖油 …………… 1又1/2大匙
  | 醋 …………………………… 1大匙
  | 砂糖……………………… 1/4小匙
  | 鹽 ………………………… 1/5小匙
  | 胡椒……………………………少許
荷蘭芹(切末)………………… 適量

作法

1 番茄洗淨,切0.5公分厚的圓片,整齊排列在盤子上,撒上鹽、胡椒。
2 將水煮蛋的蛋白切碎末,蛋黃用湯匙壓扁,放在番茄上面。
3 將A拌勻後淋上去,最後撒上荷蘭芹末。

適合夏季，喝起來非常順口

番茄雞柳冷湯

時間30分鐘 | 冷凍2週 | 冷藏2～3日 | 冷凍蔬菜OK

材料（2人份）

- 番茄（切小塊）…………**3顆（390g）**
- 洋蔥（切末）………………¼顆
- 蒜頭（切末）………………1瓣
- 雞柳………………1條
- 橄欖油………………½大匙
- **A** 高湯塊………………1塊
- **A** 水………………½杯
- **A** 鹽………………少許

作法

1. 將橄欖油、洋蔥末、蒜末放入鍋中開中火加熱，拌炒4分鐘。接著，加入番茄、**A**，同樣以中火煮滾，煮滾後放進雞柳，轉小火，蓋上蓋子煮15分鐘。
2. 取出雞柳，稍微放涼撥散後，再放入鍋中煮一下，關火。**整鍋放涼後再放進玻璃保鮮容器中，放入冰箱冷藏降溫**。吃的時候再淋上橄欖油、撒上粗黑胡椒粉（都是材料表以外）。

用豐富的食材慰勞疲憊的自己

腰豆義大利雜菜湯

時間30分鐘 | 冷凍2週 | 冷藏2～3日 | 冷凍蔬菜OK

材料（2人份）

- 番茄………………**3顆（390g）**
- 洋蔥（去皮）………………¼顆
- 櫛瓜………………½條
- 蒜頭（切末）………………1瓣
- 培根………………1片
- 腰豆（水煮）………………50g
- **A** 水………………½杯
- **A** 高湯塊………………1塊
- 起司粉………………適量

作法

1. 食材洗淨。番茄切小塊。洋蔥、櫛瓜切1公分丁狀。培根切1公分寬。
2. 將½大匙橄欖油（材料表以外）和洋蔥丁、櫛瓜丁、培根、蒜末放入鍋中，開中火炒4分鐘。接著放入番茄、**A**、少許鹽巴（材料表以外），轉小火，蓋上蓋子煮8分鐘。
3. 放入腰豆繼續煮5分鐘。喝的時候再撒上起司粉。

做義大利麵或是煮番茄肉醬都好用！

基本番茄醬

時間50分鐘 | 冷凍2週 | 冷藏2～3日 | 冷凍蔬菜OK

材料（2人份）

- 番茄………………**5顆（650g）**
- 洋蔥（切末）………………¼顆
- 蒜頭（切末）………………1瓣
- 橄欖油………………2大匙
- **A** 鹽………………½小匙
- **A** 乾燥奧勒岡葉…………½小匙

作法

1. 番茄去皮（參考p84「冷番茄」步驟**1**），切小塊。
2. 將橄欖油、蒜末、洋蔥末放入鍋中，開小火炒5分鐘。
3. 將番茄塊倒入鍋中，開中火煮滾，煮滾後蓋上蓋子，轉小火煮30分鐘，過程偶爾要掀蓋攪拌。
4. 拿下蓋子，轉中火煮10分鐘，偶爾攪拌一下，**煮到稍微收汁**。最後以**A**調味。

豪邁的整顆吃，分量充足！

冷高湯番茄

時間10分鐘　冷藏2～3日

材料（2人份）

番茄	**2顆（260g）**
A 高湯	150ml
A 醬油	1小匙
A 鹽	2/3小匙
A 薑（磨泥）	1/2小匙
柴魚片	適量

作法

1. 將洗淨的番茄汆燙後去皮。方法是先將番茄蒂頭切掉，在底部淺淺地劃上十字，放入滾水中汆燙5秒後取出，接著泡入冷水中，即可順利剝下皮，備用。
2. 先將**A**放入保鮮袋中，接著放入去皮的番茄，密封後直接放進冰箱，**醃漬一個晚上**。
3. 盛盤，吃的時候再撒上柴魚片。

美乃滋和番茄、酪梨超搭！

番茄酪梨蝦仁沙拉

時間10分鐘　冷藏2日

材料（2人份）

番茄	**1顆（130g）**
酪梨	1/2個
蝦仁	50g
檸檬汁	1大匙
A 美乃滋	2大匙
A 鹽	少許
A 粗黑胡椒粉	少許

作法

1. 番茄洗淨切2公分塊狀。酪梨去皮，切1.5公分塊狀，**淋上檸檬汁**。
2. 蝦仁去除腸泥，用鹽（材料表以外）搓揉一下，再洗去鹽巴，放進滾水中煮3分鐘，取出放到濾網上放涼。
3. 將番茄、酪梨、蝦仁裝入碗中，加入**A**一起拌勻。

清爽酸甜滋味，忍不住一顆接一顆！

醋漬小番茄

時間10分鐘　冷藏2～3日

材料（2人份）

小番茄	**12顆**
洋蔥	1/8顆
A 橄欖油	1又1/2大匙
A 醋	2小匙
A 砂糖	1/3小匙
A 鹽	1/6～1/4小匙
A 粗黑胡椒粉	少許

作法

1. 小番茄洗淨後**去皮**（請參考上方的「冷高湯番茄」步驟**1**）。
2. 洋蔥切碎末，放入耐熱容器中，蓋上保鮮膜，微波加熱20秒。
3. 將小番茄和洋蔥末放入拌勻的**A**中，一起拌勻，再放進冰箱冷藏**醃漬30分鐘以上**。

茄子

- 產季／夏～秋季
- 重要營養成分／鉀、茄素
- 食用功效／利尿、抗氧化

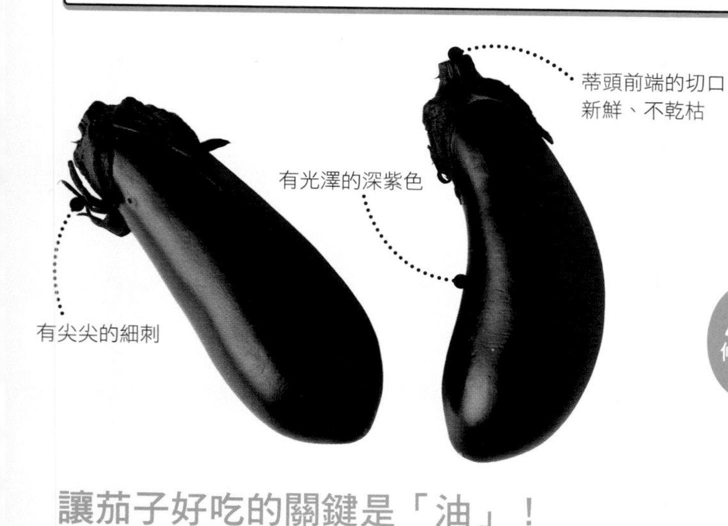

讓茄子好吃的關鍵是「油」！

如果冰箱裡有大量的茄子，我建議不妨大膽將茄子**做成油炸料理**，因為茄子跟油實在太合拍了。即使只是過油炒一下，茄子的香氣就會立刻逸散出來。此外，茄子也很適合做成氣味強烈的料理，例如黃芥末、咖哩等風味都很適合！

保存方法

常溫 1～2日

茄子不耐乾燥，請一條一條分別用報紙包起，立在陰涼處保存。

冷藏 約1週

將茄子一條一條用廚房紙巾分別包起後，先放入保鮮袋中，再放進冰箱立著冷藏保存。用廚房紙巾包著可以防止直接接觸冰箱裡的冷氣，保持茄子鮮度。

冷凍 約2週

先切成容易入口的大小後，再放入冷凍用保鮮袋中，放進冰箱冷凍保存。冷凍過的茄子適合燉煮或是炒來吃，不需解凍直接使用即可。

原來茄子可以有這麼多料理變化！

4條

➡ p87

3條

➡ p89

➡ p92

➡ p92

➡ p93

➡ p93

➡ p93

➡ p94

2條

➡ p86

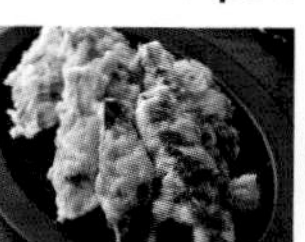

➡ p87

➡ p88

➡ p89

➡ p90

➡ p91

➡ p91

➡ p91

➡ p92

➡ p94

➡ p94

1條

➡ p90

主菜

除了肉，茄子跟魚也很搭！

茄子鯖魚佐蘿蔔泥

時間15分鐘

材料（2人份）

茄子……2條（160g）
鯖魚……1/3尾
A 料理酒……1小匙
　醬油……1/2小匙
太白粉……適量
油炸用油……適量
蘿蔔泥……1/2杯
柚子醋醬油……1大匙

作法

1 茄子洗淨後去蒂頭，切滾刀塊。鯖魚切3公分寬。**淋上A，靜置5分鐘**。瀝掉湯汁，撒上太白粉。

2 將油加熱到170℃，放入茄子和鯖魚，炸3～4分鐘後撈起盛盤。

3 淋上蘿蔔泥、柚子醋醬油。

蘿蔔泥凸顯
清爽味道

2
條

主菜

飽足感UP！

炸茄子豬肉捲

時間15分鐘

材料（2～3人份）

茄子……………………**2條（160g）**

燒海苔……………………適量

豬里肌薄片……………………150g

A
- 蛋……………………½個
- 水……………………65ml
- 低筋麵粉……………………70g

油炸用油……………………適量

麵味露、薑（磨泥）…各適量

作法

1 茄子洗淨後去蒂頭，縱切4～6等分。

2 將茄子用燒海苔、豬肉片捲起來，捲到最後再用力捏緊固定。

3 **將A的材料由上而下依序拌勻，拌到略比鬆餅漿稀一點**。將捲好的茄子滑入加熱到170℃的油中，炸4～5分鐘。

4 盛盤，搭配麵味露、薑泥享用。

主菜

番茄醬凸顯出茄子的美味

茄子鑲肉

時間15分鐘　冷藏2日

材料（2人份）

茄子……………………**4條（320g）**

太白粉……………………適量

A
- 雞腿肉絞肉……………………120g
- 青蔥（切蔥花）……1大匙
- 薑（磨泥）……………½小匙
- 鹽、胡椒……………各少許

B
- 番茄醬……………………⅓杯
- 水……………………2大匙
- 料理酒……………………1大匙

荷蘭芹（切末）…依喜好添加

作法

1 茄子洗淨後去蒂頭，**中間劃一刀，沾水**直接放入耐熱容器中，蓋上保鮮膜，微波加熱3分半鐘，備用。

2 將太白粉撒在茄子上，將拌勻的A鑲入中間劃刀的茄子裡。放進耐熱容器，淋上B，蓋上保鮮膜，微波加熱7～8分鐘。

3 盛盤，撒上荷蘭芹。

用茄子夾絞肉，一定要試試看！

炸茄子絞肉

時間20分鐘

材料（2人份）

茄子 ……………………………2條（160g）

A | 豬絞肉 ……………………………100g
洋蔥（切末）…………………1大匙
鹽、胡椒……………………各少許

低筋麵粉、蛋液、麵包粉……各適量

油炸用油 …………………………… 適量

高麗菜（切絲）、檸檬、中濃醬 …………………………………各適量

作法

1 茄子洗淨去蒂頭、切1公分圓片，**兩片一組，兩片內側相對的那一面，撒上低筋麵粉**。

2 將A拌勻，緊實地夾在兩片茄子中間。依序沾上低筋麵粉、蛋液、麵包粉。

3 將茄子夾肉放入170℃的油中，炸6分鐘直至金黃。盛盤，搭配高麗菜絲、切片檸檬、中濃醬享用。

POINT

也可以沾**黃芥末籽&檸檬美乃滋醬**（右上），作法：1小匙＋美乃滋1又½大匙＋檸檬汁½小匙；或是沾**番茄醬&中濃醬**（左下），作法：中濃醬2大匙＋番茄醬1大匙。

主菜

茄子和融化的起司搭配肉醬，絕配！

焗烤茄子絞肉

時間30分鐘

材料(2人份)

茄子……3條(240g)
牛豬絞肉……150g
洋蔥(切末)……½顆
蒜頭(切末)……1瓣
水煮番茄罐頭……1杯
橄欖油……2大匙
鹽、胡椒……各少許
起司……60g

作法

1. 茄子洗淨去蒂頭，切0.5公分厚的圓片狀。橄欖油倒入平底鍋中，開中火加熱，放進茄子，煎6分鐘，兩面都要煎到上色。撒上鹽取出，備用。
2. 加熱鍋中剩餘的油，放入洋蔥末、蒜末、絞肉炒4分鐘。接著再放入番茄、鹽、胡椒煮5分鐘。
3. 將**茄子和絞肉交互重疊**放入耐熱容器中，最上面放上起司，放進小烤箱烤8分鐘即可取出。

主菜

軟軟的茄子裹著濃郁的蠔油

蠔油辣炒茄子牛肉

時間15分鐘

材料(2人份)

茄子……2條(160g)
邊角切下來的牛肉……150g
鹽、胡椒……各少許
芝麻油……1大匙
A 蠔油……1又½大匙
料理酒……1大匙
豆瓣醬……½小匙
蒜頭(磨泥)……½小匙
蔥白絲……適量

作法

1. 如果茄子太長，洗淨後先切對半再縱切0.5公分厚。牛肉撒上鹽、胡椒。
2. 將芝麻油倒入鍋中，開中火加熱，放入牛肉炒2分鐘，接著再加入茄子炒4分鐘。**炒到茄子變軟，牛肉變色**。
3. 最後再加入A拌炒均勻。盛盤，放上蔥白絲即可。

主食

番茄與肉的甜味都滲透進茄子裡

茄子肉末咖哩

時間30分鐘 冷凍2週 冷藏2～3日 冷凍蔬菜OK

材料（2人份）

- 茄子……2條（160g）
- 牛豬絞肉……150g
- 番茄（切塊）……1顆
- 洋蔥（切末）……½顆
- 蒜頭、薑（都要磨泥）……各½小匙
- 橄欖油……½大匙
- 咖哩粉……2大匙
- A 水……1杯
- A 醬油……1小匙
- A 鹽……¼小匙
- A 高湯塊……½塊
- 白飯、水煮蛋……各適量

作法

1. 茄子洗淨去蒂頭，切1.5公分塊狀。
2. 將橄欖油倒入平底鍋中，開中火加熱，放入絞肉、茄子、洋蔥末、蒜泥、薑泥拌炒5分鐘。接著加入咖哩粉，再炒1分鐘。
3. 將A和番茄放入鍋中，同樣以中火煮滾，煮滾後蓋上蓋子，轉小火再煮15分鐘，偶爾掀蓋攪拌一下。15分鐘後轉中火繼續煮5分鐘，**煮到稍微收汁**。
4. 白飯盛入盤中，淋上茄子肉末咖哩醬，搭配切成圓片的水煮蛋。

配菜

濃稠中帶有微辣的多層次滋味

辣味茄子絞肉豆乳風味湯品

時間20分鐘 冷凍蔬菜OK

材料（2人份）

- 茄子……1條（80g）
- 豬絞肉……50g
- 青蔥……6公分的量
- 芝麻油……½小匙
- A 水……1又¼杯
- A 雞湯粉……½大匙
- A 蒜頭（磨泥）……½小匙
- B 豆乳（豆漿）……150ml
- B 蠔油……½大匙
- B 辣油……½小匙

作法

1. 茄子洗淨，去蒂頭，先切長度的一半，再縱切6～8等分。洗淨的青蔥切蔥花。
2. 將芝麻油倒入鍋中，開中火加熱，放入絞肉和茄子、蔥花炒3分鐘。接著倒入A煮滾，煮滾後轉小火，蓋上蓋子，煮10分鐘。
3. 將B倒入鍋中，**煮滾，一煮滾就要關火**。

配菜

重點在蒜頭和鯷魚！

塔塔風烤茄子鮪魚

時間25分鐘

材料（2人份）

茄子……………………2條（160g）
鮪魚（生魚片用、已處理好）··80g

A
- 鯷魚……………………1又1/2片
- 洋蔥……………………1又1/2大匙
- 橄欖油……………………1/2大匙
- 蒜頭……………………1/2瓣
- 鹽……………………少許

B
- 醬油、橄欖油………各1小匙
- 黃芥末醬……………………少許

作法

1. 將A的鯷魚和洋蔥切末。蒜頭磨泥，備用。
2. 茄子去蒂頭，用烤肉網烤，烤的時候要上下翻面，烤8分鐘後剝皮。一半切1公分塊狀，另一半用菜刀剁粗末，再和A一起拌勻。
3. 鮪魚切1公分塊狀，其中約一半的分量用菜刀剁粗末，再和B一起拌勻。
4. 將**拌勻的A、B重疊放入**容器中，如果有法國麵包、蒔蘿（材料表以外），可以一起搭配。

帶點洋風的新食感

黃芥末醬油拌茄子

時間5分鐘

材料（2人份）

茄子……………………2條（160g）

A
- 醬油……………………1又1/2小匙
- 黃芥末醬……………………1/3小匙
- 砂糖……………………少許

作法

1. 洗淨的茄子皮先用削皮器削成斑馬紋，再切成1公分厚的半月形，泡一下水再**稍微瀝掉水分**。放入耐熱容器中，蓋上保鮮膜，微波加熱2分鐘，微波到竹籤能夠刺透茄子的程度。若出水，要瀝乾。
2. 將茄子混合拌勻的A，再一起拌勻即可。

不只是配菜，更是稱職下酒菜

烤茄子魩仔魚味噌起司

時間15分鐘

材料（2人份）

茄子……………………2條（160g）
味噌……………………2小匙
魩仔魚（乾的）……………………1大匙
起司……………………50g
青紫蘇（切絲）……………………適量

作法

1. 茄子洗淨去蒂頭，切1公分厚的圓片。
2. 烤盤鋪上鋁箔紙，避免食材黏在烤盤上，將茄子片整齊排入，**抹上味噌**，再依序放上魩仔魚、起司。
3. 放進小烤箱烤10分鐘。取出後再放上青紫蘇絲。

白飯一碗接一碗！

麻婆茄子

時間15分鐘 | 冷凍2週 | 冷藏2～3日

材料(2人份)

- 茄子……………………3條(240g)
- 豬絞肉……………………100g
- 青蔥……………………$\frac{1}{3}$根
- 芝麻油……………………1大匙
- A
  - 料理酒……………………1大匙
  - 味噌……………………2小匙
  - 醬油、豆瓣醬、砂糖、薑(磨泥)、雞粉…各1小匙
  - 水……………………150ml

作法

1. 茄子洗淨後去蒂頭，縱切6～8等分薄片。青蔥切細蔥花。
2. 將芝麻油倒入平底鍋中加熱，放入絞肉拌炒，炒到肉變色後，加入茄子和青蔥一起拌炒。茄子變軟後加入A煮滾，煮滾後慢慢地倒入太白粉水勾芡（用1大匙水溶解$\frac{1}{2}$大匙太白粉，材料表以外）。

讓人吮指回味的香蒜口味

照燒蒜味噌茄子肉卷

時間20分鐘 | 冷凍2週 | 冷藏2～3日

材料(2人份)

- 茄子……………………2條(160g)
- 青紫蘇……………………6葉
- 豬五花薄片……………………160g
- 低筋麵粉……………………適量
- 沙拉油……………………1小匙
- A
  - 味噌……………………1又$\frac{1}{2}$大匙
  - 味醂、料理酒……………各1大匙
  - 蒜頭(磨泥)……………1小匙
  - 醬油……………………$\frac{1}{2}$小匙

作法

1. 茄子洗淨去蒂頭，縱切6等分。青紫蘇切對半。肉片切2～3等分。用肉將茄子、紫蘇捲起來，**捲到最後用力壓緊固定**。整卷都撒上低筋麵粉。
2. 將油倒入平底鍋中，開中火加熱，將茄子肉卷的收口朝下放入，轉中火，蓋上蓋子，煎8～10分鐘，偶爾掀蓋轉動肉卷。用紙巾吸收多餘油分後，加入A一起拌炒均勻即可。

一口吃下吸飽高湯的茄子和軟嫩的雞柳

茄子炒雞柳

時間10分鐘 | 冷凍2週 | 冷藏2～3日

材料(2人份)

- 茄子……………………3條(240g)
- 雞柳……………………2條
- 太白粉……………………適量
- A
  - 水……………………$\frac{1}{2}$杯
  - 麵味露(2倍濃縮)……4大匙
  - 薑(磨泥)……………1小匙

作法

1. 茄子洗淨、去蒂頭，用削皮器削成斑馬紋，切1.5公分圓片。雞柳去筋，切一口大小後**撒上太白粉**。
2. 將A倒入鍋中，開中火煮滾。煮滾後放入茄子、雞柳，先蓋上落蓋再蓋鍋蓋，轉小火煮7分鐘，煮到竹籤能刺透茄子的程度即可。

*「落蓋」指燉煮時壓在食材上的小鍋蓋，也可以用烘焙紙剪成略小於鍋子的圓形來取代，可加速食材入味。

夏天的透心涼招牌菜！冰鎮後再吃也可以！

涼拌炸茄子

時間10分鐘 冷藏2～3日

材料(2人份)

茄子……3條(240g)
茗荷(日本生薑)……1個
油炸用油……適量
A 麵味露(2倍濃縮)……1/3杯
水……1/3杯
薑(磨泥)……1/2小匙

作法

1 茄子洗淨去蒂頭，縱切對半，外皮用刀斜斜地**輕劃出刀口**。茗荷洗淨後切絲，泡一下水後瀝乾。

2 將**茄子上的水分擦乾**，用170℃的油炸3～4分鐘。

3 趁茄子還熱的時候和拌勻的A、撒上茗荷絲一起醃漬。

完全吸飽甜甜鹹鹹湯汁的茄子

醬燒茄子

時間20分鐘 冷藏2～3日

材料(2人份)

茄子……3條(240g)
柴魚片……2g
芝麻油……1/2大匙
A 高湯……250ml
醬油……1又1/2大匙
味醂、料理酒……各1/2大匙
砂糖……少於1大匙

作法

1 茄子洗淨去蒂頭，縱切對半，外皮用刀斜斜地**輕劃出刀口**。

2 將芝麻油倒入鍋中，開中火加熱，放入茄子煎，邊煎邊轉動茄子。放入A和柴魚片煮滾，煮滾後**蓋上落蓋**，轉小火煮15分鐘。

*「落蓋」指燉煮時壓在食材上的小鍋蓋，也可以用烘焙紙剪成略小於鍋子的圓形來取代，可加速食材入味。

醃漬在南蠻醋中，多汁又美味

南蠻茄子

時間15分鐘 冷藏2～3日

材料(2人份)

茄子……3條(240g)
糯米椒……6根
蔥白……6公分的量
油炸用油……適量
A 高湯……1/2杯
醋……2大匙
砂糖……1又2/3大匙
醬油……1大匙
鹽……1/3小匙
辣椒(切圓片)……1撮

作法

1 茄子去蒂頭，洗淨、縱切4等分。洗淨的糯米椒劃一刀但不切斷。蔥白切蔥花，泡5分鐘冷水後瀝乾水分。

2 擦乾茄子上的水分，放入170℃的油中炸3～4分鐘，糯米椒炸1分鐘。將茄子和糯米椒都撈起**瀝油備用**。

3 **趁茄子和糯米椒還熱的時候和拌勻的A一起醃漬**，撒上1的蔥花即可享用。

帶有芝麻油香氣的鹽蔥醬非常開胃

茄子佐鹽蔥醬

時間10分鐘 | 冷藏2～3日

材料(2人份)

- 茄子……………………3條(240g)
- A 青蔥(切蔥花)
  ⋯5公分的量(1又1/2大匙)
- 水……………………1大匙
- 芝麻油……………………1/2大匙
- 雞粉……………………2/3小匙
- 鹽、粗黑胡椒粉……………各少許

作法

1. 茄子去蒂頭，洗淨不需擦乾，直接一條一條分別用保鮮膜包起來，微波加熱3分鐘後，上下翻面再微波2～3分鐘，微波到竹籤能刺透茄子的程度。放涼後用手將每條茄子縱撕成6等分。
2. 把拌勻的A淋在茄子上。

喜歡酸味的人必學的茄子常備菜

醋漬烤茄子薄片

時間15分鐘 | 冷藏2～3日

材料(2人份)

- 茄子……………………2條(160g)
- 火腿……………………2片
- 洋蔥……………………1/8顆
- A 橄欖油……………2又1/2大匙
- 醋……………………1又1/2大匙
- 水……………………1/2大匙
- 黃芥末籽醬……………1小匙
- 鹽……………………1/3小匙
- 粗黑胡椒粉……………少許

作法

1. 茄子洗淨、去蒂頭，縱切5～8毫米薄片，泡一下水後瀝乾。鋁箔紙鋪在小烤箱的烤盤上，整齊排入茄子片，烤6分鐘。
2. 火腿切5毫米塊狀。洋蔥切末，放入耐熱容器中，微波加熱10秒，泡一下冷水後，再用廚房紙巾包起壓出多餘水分。
3. 將A和火腿、洋蔥拌勻，放入**茄子片醃漬5分鐘**。

茄子也能做成沙拉

淺漬茄子沙拉

時間10分鐘 | 冷藏2～3日

材料(2人份)

- 茄子……………………2條(160g)
- 青紫蘇……………………2葉
- 薑……………………1/2片
- 鹽……………………1/4小匙
- 橄欖油……………………1/2大匙
- 醬油……………………2/3小匙

作法

1. 茄子洗淨、去蒂頭，先切對半，再縱切6～8等分的月牙形。泡一下水後瀝乾，撒上鹽巴靜置5分鐘，再**拿廚房紙巾包起來，稍微壓出多餘水分**。
2. 青紫蘇、薑都切絲，先拿廚房紙巾包起來泡一下水，再瀝乾。
3. 在容器中混合茄子、青紫蘇、薑絲後，再將橄欖油、醬油拌入。

青椒

- 產季／夏季
- 重要營養成分／維生素C、β胡蘿蔔素、吡嗪（Pyrazine）
- 食用功效／抗氧化、預防動脈硬化

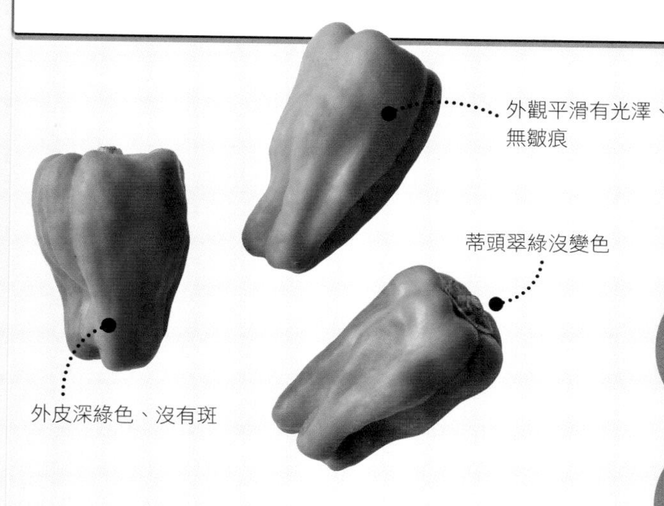

一次一整顆來使用！

一次**使用一整顆**青椒，可以直接做成煮物或湯品，也能將肉**鑲進**青椒裡面。**完全不需要前置作業**，簡直就是懶人必備食材！

保存方法

常溫　約**1**週

為防止青椒變乾，請一顆一顆分別用報紙包起來，放在陰涼處保存。

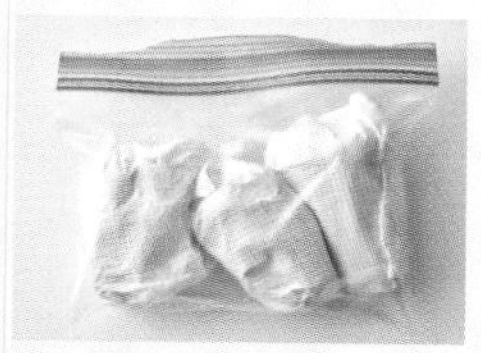

冷藏　約**3**週

一顆一顆分別用廚房紙巾包起，放入保鮮袋中，封口密合，放進冰箱冷藏保存，就能讓袋內維持適當的濕度，延長保鮮期。

冷凍　**2～3**週

先切成容易使用的大小，例如切條或切絲，再放入冷凍用保鮮袋中，就可以冷凍保存了。冷凍的青椒可以拿來炒或煮湯，不需解凍。

原來用青椒可以做出
這麼多種料理！

6顆
➡ p96　➡ p101　➡ p102

4顆
➡ p98　➡ p100　➡ p101

➡ p102

3顆

➡ p97　➡ p99　➡ p101

2顆

➡ p97　➡ p99

用 3 顆彩椒
就能變出 3 道料理！

2顆

½顆

➡ p102　➡ p100　➡ p100

主菜

用多明格拉斯醬燉煮招牌的青椒鑲肉

青椒鑲肉起司

時間25分鐘 | 冷凍2週 | 冷藏2日

POINT

絞肉稍微搓圓一點，會比較容易塞進青椒裡面。

材料（2人份）

青椒……6顆（180g）

A
- 牛、豬絞肉……180g
- 洋蔥……1/6顆
- 蛋液……1/2顆
- 麵包粉……1/4杯
- 鹽……1/4小匙
- 胡椒……少許

起司……40g

B
- 多明格拉斯醬……100g
- 水……1/3杯
- 水煮番茄罐頭……1/4杯
- 醬油……2/3小匙
- 鹽、胡椒……各少許

鮮奶油……依喜好添加

作法

1. 食材洗淨。先將A的洋蔥切末，再和A之中的其他材料一起拌勻後，分成6等分。
2. **往下擠壓青椒的蒂頭就能去籽**，去籽及蒂頭後，先將絞肉塞入到青椒的一半，接著放進起司，接著再用絞肉塞滿。以同樣方式填滿6顆青椒。
3. 將B倒入鍋中，開中火煮滾，煮滾後放入青椒。先蓋上落蓋，再蓋鍋蓋，轉小火煮15分鐘。盛盤，依個人喜好淋一點鮮奶油。

*「**落蓋**」指燉煮時壓在食材上的小鍋蓋，也可以用烘焙紙剪成略小於鍋子的圓形來取代，可加速食材入味。

好吃的重點在塞進青椒裡的起司

6顆

主菜

香腸的香味勾起食慾

醬炒魚肉香腸青椒

時間15分鐘 | 冷凍蔬菜OK

材料（2人份）

- 青椒……………………**2顆（60g）**
- 彩椒（黃椒）……… $1/2$顆（75g）
- 魚肉香腸……………………1條
- 芝麻油…………………… $1/2$大匙
- A
  - 料理酒………………1大匙
  - 中濃醬………………1大匙

作法

1. 青椒、彩椒洗淨，去蒂及籽，切滾刀塊。魚肉香腸斜切8毫米寬。
2. 芝麻油倒入平底鍋，開中火加熱，加入魚肉香腸和彩椒炒2分鐘。接著放入青椒，繼續炒4分鐘，炒到青椒稍微變軟。
3. 將A倒入鍋中**快炒**。

主菜

酸甜滋味可中和青椒特殊味道

糖醋彩椒鮭魚

時間20分鐘 | 冷凍蔬菜OK

材料（2人份）

- 青椒……………………**3顆（90g）**
- 彩椒（黃椒）……… $1/8$顆（15g）
- 新鮮鮭魚（切片）…………2片
- 鹽、胡椒…………………各少許
- 太白粉…………………… $1/2$大匙
- 沙拉油……………1又 $1/2$大匙
- A
  - 水………………………… $1/3$杯
  - 醋、砂糖…各1又 $2/3$大匙
  - 醬油……………… $1/2$大匙
  - 番茄醬………………2小匙
  - 太白粉………………1小匙
  - 雞粉……………… $1/2$小匙

作法

1. 食材洗淨。青椒去蒂及籽切圓圈。彩椒先縱切薄片，再切對半。鮭魚**抹上厚厚一層鹽**，撒上胡椒、太白粉。
2. 將1大匙油倒入平底鍋中，開中火加熱，放入鮭魚，上下兩面都要煎，約煎3分鐘後盛盤。
3. 加熱平底鍋中剩餘的油，加入青椒、彩椒炒2分鐘。接著倒入拌勻的A，**邊攪拌邊煮**，煮到成稠稠的芡汁。最後淋在鮭魚上。

口感爽脆的青椒和多汁軟嫩的豬肉超速配！

糖醋青椒里肌

時間20分鐘 冷凍蔬菜OK

材料（2人份）

- 青椒……4顆（120g）
- 洋蔥……¼顆
- 豬里肌薄片……160g
- 辣椒（去籽）……½根
- 蒜頭（切末）……1瓣
- **A** 醬油、料理酒、薑（磨泥）……各½小匙
- 太白粉……適量
- 芝麻油……1大匙
- **B** 水……⅓杯
  - 黑醋……2大匙
  - 砂糖……少於2大匙
  - 醬油……1大匙
  - 雞粉、太白粉……各1小匙

作法

1. 食材洗淨。青椒去蒂及籽切滾刀塊。洋蔥切1.5公分片狀後撥散開來。**將豬肉片摺疊成約4公分方塊狀，再用手緊壓固定**，用**A**預先調味，再撒上薄薄的太白粉。
2. 將芝麻油、辣椒、蒜末倒入平底鍋中，開中火加熱，接著放入豬肉片、洋蔥炒4分鐘，邊炒邊上下翻面。待全都熟了之後，加入青椒繼續炒3分鐘。
3. 將拌勻的**B**倒入鍋中一起拌炒。

配菜

一口咬下不禁嘴角失守，好好吃！

焗烤青椒鮪魚起司

時間15分鐘

材料（2人份）

- 青椒……3顆（90g）
- 鮪魚罐頭……1罐（75g）
- 起司……50g
- 美乃滋……1大匙

作法

1. 青椒洗淨、橫剖對半，去蒂及籽。**內側抹上美乃滋**。
2. 將抹好美乃滋的青椒排放在鋁箔紙上，接著依序放入瀝掉油的鮪魚、起司。
3. 放進小烤箱烤5～7分鐘，烤到起司呈現金黃色，帶一點焦黃的程度。

POINT

撒上青紫蘇絲也好吃。

配菜

加入大人風味的柚子胡椒

青椒和風湯品

時間15分鐘　冷凍蔬菜OK

材料（2人份）

- 青椒……2顆（60g）
- 雞胸絞肉……50g
- 芝麻油……1小匙
- 高湯……2杯
- 料理酒……½大匙
- A 醬油……1小匙
- A 柚子胡椒……½小匙
- A 白芝麻……½小匙

作法

1. 青椒洗淨去蒂頭，**連籽**一起切對半。
2. 雞絞肉捏成一口大小的肉丸狀。將芝麻油倒入鍋中，開中火加熱，放入青椒煎，煎到微焦的程度。加入高湯、料理酒，同樣以中火煮滾，煮滾後放入雞肉丸，再煮5分鐘。
3. 加入**A**調味。

配菜

很適合用在派對上招待客人

生火腿卷彩椒

時間15分鐘

材料(2人份)

彩椒(紅、黃)……**各1/4顆(各35g)**
小豆苗……1/2包
生火腿……8片
A 橄欖油……1大匙
　檸檬汁……1/2大匙
美乃滋……適量
粗黑胡椒粉……適量

作法

1 材料洗淨。彩椒去蒂及籽，切成細絲狀。小豆苗切掉底部的根。
2 用生火腿把彩椒和小豆苗捲起，排在盤子上。
3 將A拌勻、淋上去，接著擠上美乃滋、撒上黑胡椒即可。

POINT
也可以用牛里肌肉片或煙燻鮭魚來捲。

配菜

使用顏色鮮豔的彩椒

彩椒拌白芝麻

時間10分鐘

材料(2人份)

彩椒(紅)……**1/2顆(75g)**
絹豆腐……1/2塊(150g)
A 芝麻仁……1大匙
　醬油……1/2大匙
　砂糖……1/3小匙
　烹大師調味料(顆粒)……1/3小匙
　鹽……少許

作法

1 彩椒洗淨，去蒂及籽，縱切3毫米寬的細絲，如果長度太長，就再對切一半。
2 豆腐放入耐熱容器中，蓋上保鮮膜，微波加熱2分半鐘，取出，用廚房紙巾包起**擦乾水分**。**把豆腐捏碎**，和A一起拌勻。
3 放入彩椒，全部一起拌勻即完成。

POINT
也可以放入汆燙過的四季豆、烤過的香菇等食材。

配菜

加入魚露，立刻變身東南亞風味菜

魚露拌青椒竹輪

時間20分鐘

材料(2人份)

青椒……**4顆(120g)**
洋蔥……1/4顆
竹輪……1根
A 魚露……2小匙
　檸檬汁……1小匙
　沙拉油……1小匙

作法

1 青椒洗淨縱切對半、去籽去蒂，再切5毫米寬。放入耐熱容器中，蓋上保鮮膜，微波加熱1分～1分半鐘，取出，**瀝乾水分**。
2 洋蔥切薄片，泡水5分鐘後**瀝乾水分**。竹輪切5毫米寬。
3 將青椒、洋蔥和拌勻的A一起拌勻即可。

青椒的口感加上什穀，很有飽足感！

橄欖油拌什穀青椒丁

時間15分鐘 冷藏2～3日

材料(2人份)

青椒……3顆(90g)
洋蔥……1/6顆
綜合豆……50g
綜合什穀(真空包裝)……50g
A 檸檬汁……1大匙
橄欖油……1又1/2大匙
鹽……1/4小匙
粗黑胡椒粉……少許

作法

1 青椒去蒂及籽，切0.8公分丁狀。洋蔥切絲，泡水5分鐘後，用廚房紙巾包起來，逼出多餘水分。

2 將青椒、洋蔥、拌勻的A、煮熟的綜合豆和綜合什穀一起拌勻。

POINT

加入罐頭鮪魚也好吃。

藉由鯷魚起司的美味來品嚐青椒

青椒培根炒鯷魚起司

時間15分鐘 冷凍2週 冷藏2～3日 冷凍蔬菜OK

材料(2人份)

青椒……4顆(120g)
培根……2片
橄欖油……1大匙
A 鯷魚(切碎)……2片的量
蒜頭(磨泥)……1/3小匙
起司粉……1大匙
粗黑胡椒粉……少許

作法

1 青椒洗淨，去蒂頭和籽，縱切8等分。培根切1公分寬。

2 將橄欖油倒入平底鍋中，開中火加熱，加入青椒、培根、A，拌炒4分鐘，炒到**青椒稍微變軟**。

3 在鍋中撒上起司粉、黑胡椒粉，全部一起拌勻即完成。

沒想到和白飯那麼搭！

醬燒青椒

時間25分鐘 冷凍2週 冷藏2～3日

材料(2人份)

青椒……6顆(180g)
薑(切絲)……1/4片
芝麻油……1/2小匙
A 高湯……1又1/2杯
醬油……2小匙
料理酒、味醂……各2小匙
砂糖……2/3小匙

作法

1 青椒洗淨、去籽，劃一刀，但不切斷。

2 芝麻油倒入鍋中，開中火加熱，放入青椒煎3分鐘。

3 在鍋中加入A、薑絲，同樣以中火煮滾。煮滾後**蓋上落蓋**，轉小火煮15分鐘。煮的時候要上下翻面，煮到青椒變軟。時間還沒到，但已經沒有湯汁時，請再加入水或是高湯（材料表以外）。

*「**落蓋**」指燉煮時壓在食材上的小鍋蓋，也可以用烘焙紙剪成略小於鍋子的圓形來取代，可加速食材入味。

常備菜

令人滿足的飽滿果肉及甜味

醋漬烤彩椒

時間25分鐘 冷凍2週 冷藏2～3日

材料（2人份）

彩椒（紅、黃）…… **各1顆（各150g）**

A
- 橄欖油 …………………… 3大匙
- 醋 …………………… 1/2大匙
- 黃芥末籽醬 …………… 1小匙
- 鹽 …………………… 1/3小匙
- 粗黑胡椒粉 …………… 少許

作法

1. 彩椒洗淨，切一半，去籽和蒂頭。外皮朝上，排放在鋁箔紙上。
2. 彩椒放進小烤箱烤17分鐘，**烤到外皮變黑**。取出，泡一下水，再用廚房紙巾擦去水分，然後剝皮。縱切2公分寬。
3. 將拌勻的**A**倒入醃漬。放進冰箱冷藏15分鐘以上即可。

常備菜

柴魚片和鹽昆布讓青椒的甜味大提升

鹽昆布拌青椒柴魚片

時間5分鐘 冷凍2週 冷藏2～3日

材料（2人份）

青椒 …………………… **6顆（180g）**

A
- 柴魚片 …………………… 3g
- 鹽昆布 ……………… 2撮（3g）
- 醬油 …………………… 1/2小匙
- 砂糖 …………………… 少許

作法

1. 青椒洗淨去蒂及籽，縱切對半後橫放，再切0.4公分細絲。放入耐熱容器中，蓋上保鮮膜，微波加熱2分鐘，取出，**瀝乾水分**。
2. 將**A**倒入容器中，一起拌勻。

常備菜

快速完成的青椒常備菜！

韓式涼拌青椒

時間5分鐘 冷凍2週 冷藏2～3日

材料（2人份）

青椒 …………………… **4顆（120g）**

A
- 芝麻油 …………………… 1/2大匙
- 白芝麻 …………………… 1小匙
- 蒜頭（磨泥）…………… 1/2小匙
- 雞湯粉 …………………… 1/2小匙
- 鹽、胡椒 ………………… 適量

作法

1. 青椒洗淨去蒂及籽。縱切對半後橫放，再切0.4公分細絲。放入耐熱容器中，蓋上保鮮膜，微波加熱1～1分半鐘，取出瀝乾水分。
2. 將**A**拌勻後放入容器中，全部一起拌勻。

花椰菜

- 產季／冬～春季
- 重要營養成分／β胡蘿蔔素、維生素C、維生素E、鐵、葉酸
- 食用功效／抗氧化、美肌效果

原來花椰菜可以有這麼多種料理變化！

小的1顆

➡ p105

½顆

➡ p104 ➡ p105

➡ p107

➡ p107 ➡ p108 ➡ p108

➡ p108 ➡ p109 ➡ p110

➡ p110

⅓顆

➡ p106 ➡ p109 ➡ p109

菜梗

➡ p110

基本作法是「汆燙」和「微波」！

透過「汆燙」、「微波」、「烘烤」來料理花椰菜是最快速方便的，而且還能保留花椰菜的口感。除此之外，花椰菜也很適合用來為料理配色。在花椰菜的保存方法上，我特別推薦冷凍保存。

保存方法

冷藏 約**2**週

由於花椰菜很容易從花蕾的部分開始腐壞，因此要用廚房紙巾先將花蕾包起來，再用保鮮膜包緊，放入塑膠袋中冷藏保存。用保鮮膜包起，可以抑制乙烯的產生，就能維持花椰菜的鮮度。

冷凍 約**1**個月

先將花椰菜一朵朵切下來，在滾水中加少許鹽，放入花椰菜、快速汆燙一下。接著放涼、瀝乾水分，再放進冷凍用保鮮袋冷凍保存。要用時，只要用微波爐解凍，或者直接用冷凍花椰菜來烹調也可以。

主菜

超美味的肉末，瞬間完食

肉燥拌花椰菜

時間15分鐘　冷凍蔬菜OK

材料（2人份）

花椰菜……………… ½顆（150g）
猪絞肉……………………… 100g
青蔥（切蔥花）………5公分的量
芝麻油……………………… 1小匙
A
- 水………………………… ½杯
- 醬油…………………… ½大匙
- 蠔油…………………… 1小匙
- 雞粉…………………… 1小匙
- 蒜頭（磨泥）………… ½小匙
- 鹽、胡椒……………… 各少許

太白粉………1小匙（加1大匙水溶解為芡水）

作法

1. 花椰菜洗淨分小朵，放入滾水中煮2～3分鐘，取出瀝乾水分，盛盤。
2. 將芝麻油倒入平底鍋，開中火加熱，放入蔥花、豬絞肉拌炒3分鐘，炒到肉變色。加入A煮滾，煮滾後**轉小火**，倒入芡水，輕輕攪拌成稠稠的芡汁。
3. 將煮好的肉末淋在花椰菜上。

POINT

也可依喜好撒上粗黑胡椒粉或山椒粉。

淋上滿滿肉末

½顆

微波後淋上辣味溫和的芝麻醬就完成了！

涼拌花椰菜豆腐

時間15分鐘

材料（2人份）

- 花椰菜……½顆（150g）
- 木棉豆腐……½塊（150g）
- 檸檬（切薄半月形）……⅓顆
- A
  - 白芝麻醬……1又½大匙
  - 冷開水……1大匙
  - 醬油……½大匙
  - 砂糖……½小匙
  - 烹大師調味料（顆粒）……⅓小匙
  - 豆瓣醬……¼小匙

作法

1. 花椰菜洗淨、分小朵，軟的菜梗切薄片。豆腐切厚1.5公分×長4公分的塊狀。
2. 將花椰菜和豆腐交互重疊放入耐熱容器中，檸檬隨意插入花椰菜和豆腐之間。蓋上保鮮膜，微波加熱4分半鐘，加熱到竹籤能刺透菜梗的程度。
3. 將**A**的材料由上而下依序拌勻，其中**要倒入水時，慢慢地倒並將白芝麻醬調開**。最後將拌勻的**A**淋在花椰菜和豆腐上。

推薦給肉食主義者，今天多吃點菜吧！

花椰菜炒豬五花泡菜

時間15分鐘　冷凍蔬菜OK

材料（2人份）

- 花椰菜……小的1顆（200g）
- 豬五花薄片……150g
- 白菜泡菜……80g
- 芝麻油……1大匙
- A
  - 料理酒……1大匙
  - 醬油……1小匙

作法

1. 花椰菜洗淨分小朵，放入耐熱容器中，蓋上保鮮膜，微波加熱2分半鐘。
2. 豬肉片切4公分長段。
3. 將芝麻油倒入平底鍋中，開中火加熱，放入豬肉片炒3分鐘，炒到肉變色。接著加入花椰菜、泡菜一起拌炒，最後再以**A**調味。

主菜

用一般鍋子就能做！

花椰菜水煮蛋烘肉

時間40分鐘　冷凍蔬菜OK

材料（2人份）

花椰菜……………… 1/3顆（100g）
水煮蛋……………………………3個
低筋麵粉………………………適量
沙拉油…………………………適量

A
牛豬絞肉………………………400g
洋蔥（切末）………………1/4顆
麵包粉……………………2/3杯
蛋…………………………………1個
牛奶………………………2大匙
鹽……………………………1/3小匙
胡椒、肉豆蔻（如果有）
……………………………各少許

B
番茄醬……………………1/2杯
水…………………………1/2杯
伍斯特醬…………………4大匙
太白粉………1小匙（加少許的水溶解）
砂糖……………………1/2小匙

作法

1 花椰菜洗淨、分小朵，放入耐熱容器中，蓋上保鮮膜，微波加熱3分鐘。水煮蛋橫切對半，分別撒上低筋麵粉。

2 將直徑16公分的鍋子內側平均地抹上油。將**A**拌勻、摔出黏性。接著將一半分量的**A**平鋪在鍋內。鋪好後將花椰菜和水煮蛋排放在**A**上，接著再加入剩餘的**A**並均勻地**攤平，用手壓出空氣**，同時調整外觀形狀。

3 蓋上鍋蓋，開中火加熱3分鐘，接著轉小火煮15分鐘。拿廚房紙巾吸去油水，再加入拌勻的**B**，繼續煮7分鐘即完成。

起司粉增添濃厚滋味！

花椰菜炒起司蛋

時間10分鐘　冷凍蔬菜OK

材料(2人份)

花椰菜……………½顆(150g)

A　蛋……………………………2個
　　鹽、胡椒……………各少許

橄欖油……………………1大匙

高湯粉……………………½小匙

B　起司粉、粗黑胡椒粉
　　…………………………各適量

作法

1 花椰菜洗淨、分小朵，放入耐熱容器中，蓋上保鮮膜，微波加熱1分40秒～2分鐘。另外，將A拌勻。

2 將一半分量的橄欖油倒入平底鍋中，開中火加熱，加入**A快炒**至半熟，**取出備用**。

3 將剩餘的橄欖油倒入平底鍋中，開中火加熱，加入花椰菜、高湯粉，拌炒1分鐘。接著放入剛剛炒到半熟的蛋，再稍微拌炒一下，盛盤，撒上B即可。

溶化的起司和花椰菜超對味！

焗烤花椰菜番茄醬起司

時間10分鐘　冷凍蔬菜OK

材料(2人份)

花椰菜……………½顆(150g)

鹽………………………………少許

番茄醬……………………2大匙

咖哩粉……………………¼小匙

起司……………………………50g

作法

1 花椰菜洗淨、分小朵，放入耐熱容器中，蓋上保鮮膜，微波加熱2分鐘。

2 依序將鹽、番茄醬、咖哩粉加入花椰菜中，**最後再放上起司**。

3 放進小烤箱烤4～5分鐘，**烤到起司出現焦黃狀即可**。

配菜

若改用冷凍花椰菜，只要汆燙一分鐘即可

花椰菜佐明太子美乃滋

時間10分鐘 | 冷凍蔬菜OK

材料(2人份)

花椰菜……1/2顆(150g)
明太子……30g
A 美乃滋……2大匙
A 檸檬汁……1小匙

作法

1 花椰菜洗淨、分小朵，放入加了鹽（材料表以外）的滾水中煮3分鐘，取出，放在濾網上，**瀝乾水分**。

2 明太子去除外層的膜，和**A**一起拌勻。

3 將瀝乾的花椰菜盛盤，淋上明太子美乃滋醬。

POINT

可依喜好添加添加水煮蛋，或是水煮鵪鶉蛋，增加分量。

配菜

花椰菜變身成溫潤滑順的濃湯

花椰菜馬鈴薯濃湯

時間25分鐘 | 冷凍2週 | 冷藏2日 | 冷凍蔬菜OK

材料(2人份)

花椰菜……1/2顆(150g)
馬鈴薯……小的1個(100g)
橄欖油……1大匙
A 水……150ml
A 高湯塊……1/2塊
牛奶……1杯
麵包丁……適量

作法

1 花椰菜洗淨、分小朵。馬鈴薯去皮後切成0.5公分厚的半月形。洋蔥切薄片。

2 將橄欖油倒入鍋中，開小火加熱，放入花椰菜、馬鈴薯、洋蔥，炒4分鐘。接著加入**A**，轉中火煮滾，煮滾後轉小火，蓋上蓋子，煮12分鐘，**煮到蔬菜都變軟**，放涼。

3 放涼後放進食物調理機打勻，打完後倒出來，加入牛奶再加熱。盛入碗中，放上麵包丁。

配菜

令人垂涎的奶油醬油香氣

花椰菜炒奶油玉米

時間15分鐘 | 冷凍蔬菜OK

材料(2人份)

花椰菜……1/2顆(150g)
玉米罐頭(湯水瀝掉)……40g
A 奶油……8g
A 醬油……1小匙
A 鹽……少許

作法

1 花椰菜洗淨、分小朵，軟的菜梗切薄片，備用。

2 將花椰菜、1/3杯水（材料表以外）加入平底鍋中，蓋上蓋子，開中火燜煮3分鐘。時間到了後，**如果鍋內還有湯水要倒掉**。

3 將玉米、**A**加入平底鍋中，和花椰菜一起拌炒均勻即可。

花椰菜和美乃滋的絕妙搭配

花椰菜蝦仁沙拉

時間15分鐘 | 冷藏2～3日 | 冷凍蔬菜OK

材料（2人份）

- 花椰菜……½顆（150g）
- 蝦仁……50g
- 水煮蛋……2個
- A 美乃滋……2又½大匙
- 檸檬汁……1小匙
- 鹽、粗黑胡椒粉……各少許

作法

1. 花椰菜洗淨、分小朵，放入沸騰的熱水中煮3分鐘，取出放在濾網上，**瀝乾水分**。
2. 蝦仁去除腸泥，用鹽（材料表以外）抓捏後，洗去鹽分，放入熱水中煮4分鐘，取出放在濾網上**放涼**。水煮蛋縱切4等分。
3. 將花椰菜和蝦仁放入拌勻的**A**，全部一起拌勻。

色彩繽紛，看了好想吃！

花椰菜火腿通心粉沙拉

時間20分鐘 | 冷藏2日 | 冷凍蔬菜OK

材料（2人份）

- 花椰菜……⅓顆（100g）
- 洋蔥（切薄片）……¼顆
- 火腿……3片
- 通心粉……30g
- 鹽……少許
- 橄欖油……½小匙
- A 美乃滋……2又½大匙
- 醋……½大匙
- 砂糖……⅓小匙
- 鹽、胡椒……各少許

作法

1. 花椰菜洗淨、分小朵，放入沸騰的熱水中煮3分鐘，取出放在濾網上，瀝乾水分。洋蔥放入同一鍋熱水中汆燙30秒，取出泡冷水，再用廚房紙巾包起來擦乾水分。火腿先切對半，再切0.5公分寬。
2. 通心粉放入加了鹽的滾水中，按照包裝標示時間煮，煮熟後取出泡冷水，瀝乾水分，**淋上橄欖油**。
3. 在碗中將**A**拌勻，再放入花椰菜、洋蔥、火腿、通心粉一起拌勻。

不一樣的馬鈴薯沙拉

花椰菜馬鈴薯沙拉

時間30分鐘 | 冷藏2日 | 冷凍蔬菜OK

材料（2人份）

- 花椰菜……⅓顆（100g）
- 維也納香腸……2根
- 馬鈴薯……大的1顆
- A 美乃滋……1又½大匙
- 醋……⅔小匙
- 鹽……¼小匙
- 胡椒……少許

作法

1. 花椰菜分洗淨、小朵，放入沸騰的水中煮4分鐘，**花椰菜煮到稍微軟爛**，取出放在濾網上，瀝乾水分。其中一半的量切粗末。維也納香腸也放入同一鍋熱水中汆燙一下，再斜切。
2. 馬鈴薯去皮，切4～6等分，放入同一鍋熱水中煮15分鐘，煮到能用竹籤刺透，取出放在濾網上，並趁熱將馬鈴薯搗碎。
3. 在碗中將**A**拌勻，接著放入花椰菜、香腸、馬鈴薯一起拌勻。

以榨菜來增加料理口感和層次感

花椰菜拌榨菜

時間15分鐘 | 冷藏2日 | 冷凍蔬菜OK

材料（2人份）

花椰菜……………… 1/2顆（150g）
青蔥…………………………5公分
榨菜……………………………20g
A 芝麻油 ………………… 1大匙
醬油……………………… 1小匙
蒜頭（磨泥）………… 1/2小匙
白芝麻 ………………… 1/2小匙

作法

1 花椰菜洗淨、分小朵，較軟的菜梗切5毫米條狀。放入加了鹽（材料表以外）的滾水中煮3分鐘，取出放在濾網上，**瀝乾水分**。

2 青蔥洗淨切蔥花，泡水5分鐘後取出，用廚房紙巾包起來，擦乾水分。榨菜切粗末。

3 在碗中將**A**拌勻，接著放入花椰菜、蔥花、榨菜一起拌勻。

燙一燙、拌一拌就完成！

花椰菜拌芝麻

時間10分鐘 | 冷藏2日 | 冷凍蔬菜OK

材料（2人份）

花椰菜……………… 1/2顆（150g）
胡蘿蔔……………………… 1/4根
A 白芝麻仁………… 1又1/2大匙
醬油……………………… 1小匙
砂糖…………………… 1/2小匙
烹大師調味料（顆粒）
……………………… 1/3小匙
鹽 ………………………… 少許

作法

1 花椰菜洗淨、分小朵，放入加了鹽（材料表以外）的滾水中煮3分鐘，取出放在濾網上，**瀝乾水分**。

2 胡蘿蔔去皮用刨絲器刨細絲後，放入同一鍋滾水中，汆燙10秒取出，泡冷水，**瀝乾水分**。

3 在碗中將**A**拌勻，接著將花椰菜和胡蘿蔔絲放入一起拌勻即可。

營養豐富的菜梗丟了好可惜，做成小菜吧！

金平花椰菜梗

時間10分鐘 | 冷凍2週 | 冷藏2～3日 | 冷凍蔬菜OK

材料（2人份）

花椰菜梗…………………… 100g
芝麻油……………………… 1小匙
A 醬油…………………… 1小匙
砂糖……………………… 1小匙
白芝麻 ………………… 1/2小匙
七味粉（依喜好添加）……… 少許

*金平（きんぴら）：將根莖類蔬菜切成細條狀，加入調味料拌炒而成的小菜。

作法

1 先將**較硬的花椰菜梗去皮**，切成4公分條狀。

2 芝麻油倒入平底鍋中，放入菜梗炒3分鐘。

3 將**A**倒入平底鍋中拌炒。盛盤，依個人喜好撒上七味粉。

菠菜

- 產季／冬季
- 重要營養成分／鉀、β胡蘿蔔素、鐵、葉酸
- 食用功效／預防貧血和高血壓、抗氧化

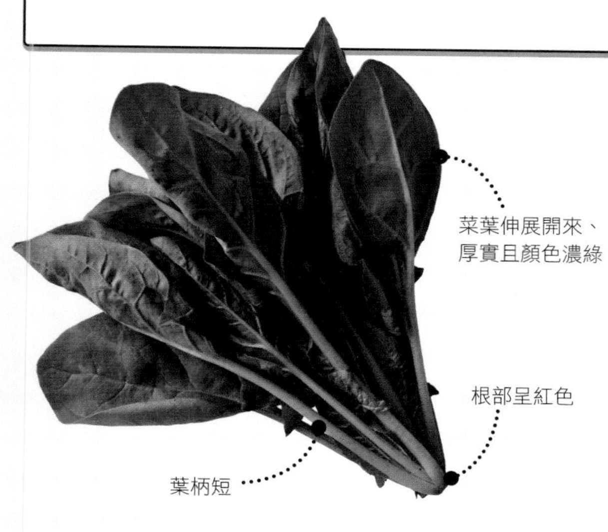

先汆燙過就對了！

菠菜總給人量很多的感覺，不過，**一旦汆燙過，體積就會大幅減少，也能去除澀味和水溶性的農藥**。汆燙過的菠菜可以直接涼拌、也能和其他食材一起使用，要炒、要煮湯都沒問題。此外，**冷凍保存的菠菜也能隨時取出使用，相當方便**。

保存方法

冷藏 約1週

菠菜的特徵是不耐乾燥。冷藏保存時要注意避免乾燥的環境，建議用沾溼的廚房紙巾包起，放入塑膠袋中，根部朝下，立在冰箱冷藏保存，就能維持菠菜的水嫩。

冷凍 約1個月

若要冷凍保存菠菜，要先在滾水中汆燙過，再泡冷水並擰乾水分，接著切成容易入口的大小，以一餐的分量分裝，用保鮮膜包起，再放入冷凍用保鮮袋中冷凍保存。使用冷凍菠菜時，先微波解凍或是直接入菜都行。

原來菠菜可以有這麼多料理變化！

1把

➡ p113

➡ p113

➡ p114

➡ p114

➡ p115

➡ p117

➡ p118

➡ p118

➡ p118

小的2把

➡ p112

小的1把

➡ p115

➡ p116

➡ p116

½把

➡ p117

➡ p117

主菜

再多都吃得下的美味大餃子

菠菜餃子

時間25分鐘　冷凍2週　冷凍蔬菜OK

材料（10～12個餃子）

菠菜……小的2把（300g）
餃子皮……10～12張
豬絞肉……150g
榨菜……20g
A 料理酒……½大匙
芝麻油……½大匙
太白粉……½大匙
醬油……2小匙
砂糖……1小匙
薑（磨泥）……½小匙
水餃醬汁、辣油……依喜好適量添加

作法

1 菠菜洗淨、放入滾水中汆燙40秒，取出泡冷水、**擰乾水分**。一把菠菜切粗末，另一把切4公分段。榨菜切粗末。

2 將切末的菠菜、豬絞肉、榨菜和A一起拌勻，用餃子皮包起來。

3 包好的餃子放入滾水中，煮3分鐘，煮到餃子浮起。煮熟的餃子和切4公分段的菠菜一起盛盤，沾餃子醬汁、辣油享用。

POINT

包好的餃子約能冷凍保存2週。冷凍餃子可直接下鍋水煮，或是加入湯中。

滑順爆汁！

小的2把

主菜

裹著濃厚豆瓣醬汁的菠菜，一口接一口！

豆瓣醬炒菠菜牛肉

時間15分鐘　冷凍蔬菜OK

材料(2人份)

菠菜……1把(200g)
彩椒(紅)……$1/4$顆
邊邊角角切下的牛肉
(或牛肉薄片)……160g
鹽、胡椒……各少許
芝麻油……1大匙
A 醬油……1大匙
料理酒……1大匙
豆瓣醬……1小匙
砂糖……1小匙
蒜頭(磨泥)……$1/2$小匙
太白粉……$1/2$小匙
(加1小匙水溶解)

作法

1 先切掉菠菜的根，洗淨再切6公分段。彩椒洗淨去蒂及籽，縱切對半，再切細絲。牛肉切成容易入口的大小，撒上鹽、胡椒。

2 將芝麻油倒入平底鍋中，開中火加熱，加入牛肉、彩椒炒3分鐘，炒到肉變色。

3 將菠菜放入鍋中**快炒一下**，再和拌勻的A一起拌炒。

主菜

有寒意的夜晚這樣吃，沾芝麻醬也美味！

菠菜豬肉鍋

時間10分鐘　冷凍蔬菜OK

材料(2人份)

菠菜……1把(200g)
豬里肌薄片(火鍋用)…200g
A 高湯……3杯
料理酒……1又$1/2$大匙
薑汁……$1/2$小匙
柚子醋醬油、青蔥(切蔥花)、
薑(磨泥)……各適量

作法

1 菠菜洗淨去根部、切對半。

2 將A放入鍋中，煮到滾，再將菠菜放入，再次煮滾後轉小火，接著**邊吃邊放入**豬肉、菠菜一起煮。蔥花、薑泥放入柚子醋醬油中，一起沾著享用。

POINT

也可用水菜代替菠菜。加入豆腐則可以增加飽足感。

主菜

圓滑的蝦仁和菠菜超對味！

蒜香菠菜蝦仁

時間20分鐘 冷凍蔬菜OK

材料(2人份)

菠菜……1把(200g)
蝦仁……100g
蒜頭(切末)……2瓣
鹽、胡椒、太白粉……各適量
橄欖油……1大匙
A
奶油……5g
高湯粉……1小匙
綜合義大利香料……½小匙
鹽、粗黑胡椒粉……各少許

作法

1 洗淨後切掉菠菜根，再切5公分長段。蝦仁去除腸泥，用鹽巴（材料表以外）搓揉後洗淨、瀝乾水分，**撒上太白粉，備用**。

2 將橄欖油、蒜末倒入平底鍋，開小火爆香，待香味出來後，再加入蝦仁快炒3～4分鐘。

3 轉中火，**放入菠菜、接著依序加入A**拌炒。盛盤，旁邊放上¼個檸檬（材料表以外）。

主菜

將豬肉和菠菜一口咬下！

滿滿菠菜薑燒豬肉

時間25分鐘 冷凍蔬菜OK

材料(2人份)

菠菜……1把(200g)
豬肩里肌肉片……6片
低筋麵粉……適量
沙拉油……1大匙
A
料理酒……1又½大匙
醬油……1又½大匙
味醂……1又½大匙
砂糖……½大匙
薑(磨泥)……2小匙

作法

1 菠菜洗淨、去根部、切6公分段。豬肉去筋，薄薄地撒上太白粉。

2 平底鍋中倒入一半量的沙拉油，開中火加熱，放入菠菜**快炒**一下。盛盤、將菠菜鋪平，備用。

3 拿廚房紙巾擦拭平底鍋，開中火加熱剩餘的油，加入豬肉炒5分鐘。擦掉多餘的油後，加入A煮到稍微收汁。盛到菠菜上面，淋上鍋內的醬汁。

主食

藉由簡單的義大利麵和菠菜很合拍

菠菜魩仔魚義大利麵

時間20分鐘　冷凍蔬菜OK

材料(2人份)

菠菜……………… **1把(200g)**
義大利麵………… 160～200g
魩仔魚(新鮮的)…………50g
蒜頭…………………………1瓣
橄欖油……………………1大匙
A 橄欖油……………… 1大匙
　醬油……………… ½大匙
　料理酒…………… ½大匙
　高湯粉……………… 1小匙

作法

1. 菠菜洗淨、切除根部，切4公分段。蒜頭切末，備用。
2. 義大利麵加入適量的鹽（材料表以外），按包裝標示時間煮麵。
3. 將橄欖油、蒜末放入平底鍋中，開小火爆香，待香味出來後放入菠菜**快炒30秒**，接著加入A翻炒一下。加入煮好的義大利麵、魩仔魚，轉中火**炒30秒即可盛盤**。

主食

兼顧健康與飽足感的炒飯

卜派菠菜炒飯

時間10分鐘　冷凍2週　冷凍蔬菜OK

材料(2人份)

菠菜…………**小的1把(200g)**
白飯‥比2碗多一點點(400g)
豬絞肉………………………60g
蛋……………………………1個
鹽、胡椒………………各少許
芝麻油……………………1大匙
A 伍斯特醬…………2小匙
　雞粉………………… 1小匙

作法

1. 菠菜洗淨、切除根部，切粗末。
2. 將芝麻油倒入平底鍋中加熱，加入絞肉炒到肉變色，再放入鹽、胡椒。放入菠菜，轉大火炒到沒有水分。接著加入白飯拌炒，蛋液以繞圈的方式淋入後，**快炒至白飯粒粒分明**。
3. 將A加入鍋中快炒，最後再以鹽、胡椒調味即完成。

配菜

冰鎮後再分切

法式菠菜鹹派

時間60分鐘 | 冷凍2週 | 冷藏2日 | 冷凍蔬菜OK

材料(2人份、20×14.5×4.4公分的耐熱容器1個)

- 菠菜……小的1把(200g)
- 冷凍派皮……2片
- 維也納香腸……2根
- 起司絲……80g
- A
  - 鮮奶油……1杯
  - 蛋……3個
  - 鹽……¼小匙
  - 胡椒……少許
  - 肉豆蔻(如果有)……少許

*烤箱預熱到190℃。
*耐熱容器中先鋪一層鋁箔紙防止沾黏。

作法

1. 將2片冷凍派皮重疊，用擀麵棍壓平，放入**鋪了鋁箔紙的容器**中，切掉超出容器的派皮，備用。
2. 菠菜洗淨、切除根部，放入滾水中汆燙30秒，取出泡水、擰乾水分，切2公分段。維也納香腸斜切。
3. 將菠菜、香腸、起司放入容器中，倒入拌勻的A**至容器邊緣**。放進已預熱190℃的烤箱烤15分鐘。接著，將**溫度調降到180℃**，繼續烤20～30分鐘。放涼後脫模，**放進冰箱冷藏**。

配菜

生菠菜菜味不明顯，很適合做成沙拉

菠菜凱薩沙拉

時間20分鐘

材料(2人份)

- 菠菜……小的1把(200g)
- 培根……2片
- 麵包丁……適量
- 溫泉蛋……1個
- A
  - 鯷魚……2片(5g)
  - 美乃滋……1又½大匙
  - 橄欖油……1大匙
  - 醋……½大匙
  - 起司粉……½大匙
  - 牛奶……1小匙
  - 蒜頭……½瓣
  - 粗黑胡椒粉……少許

作法

1. 菠菜洗淨、切除根部，葉子的部分用手摘下，莖的部分切4公分段。全部放入**冷水泡5分鐘、擰乾水分**。盛盤。
2. 培根切1公分寬，放在鋁箔紙上，放進小烤箱烤到微焦，如果有出油，就用廚房紙巾擦掉。
3. 先將A的鯷魚切丁、蒜頭磨泥，再和A的其他食材一起拌勻。
4. 將培根、麵包丁、溫泉蛋放在菠菜上，最後再加入A即完成。

配菜

邊挖邊品嘗～

烤雞蛋菠菜

時間15分鐘　冷凍蔬菜OK

材料（2人份）

菠菜……………………1/2把（100g）
火腿………………………………1片
蛋………………………………2個
鹽、粗黑胡椒粉…………各少許
奶油…………………………適量

作法

1 菠菜洗淨、切除根部，放入滾水中汆燙40秒，取出泡常溫水，稍微擰去水分，切3公分段，撒上鹽巴。火腿先切對半，再切成1公分寬。

2 準備兩個耐熱容器，容器**內側先抹上奶油**。放入菠菜、火腿，中間撥出一個凹陷，打入一顆蛋。

3 將鋁箔紙蓋上去，將容器放進烤箱烤8分鐘，**烤到蛋半熟**。取出撒上鹽、黑胡椒即完成。

菠菜和鹹香的牛肉很對味

粗鹽醃牛肉炒波菜

時間10分鐘　冷凍蔬菜OK

材料（2人份）

菠菜……………………1把（200g）
醃牛肉（脂肪較少的部位）…40g
橄欖油………………………1小匙
醬油……………………1/2小匙
粗黑胡椒粉…………………少許

作法

1 菠菜洗淨、切除根部，切5公分段。

2 橄欖油倒入平底鍋中開中火加熱，加入菠菜、醃牛肉，將牛肉撥散，炒1～2分鐘。再以醬油、黑胡椒來調味即完成。

POINT

如果不喜歡菠菜的腥味，可先在滾水中汆燙20～30秒再炒也行。

享用時撒上起司粉也好吃！

菠菜咖哩湯

時間15分鐘　冷藏2～3日　冷凍蔬菜OK

材料（2人份）

菠菜……………………1/2把（100g）
豬肩里肌薄片…………………80g
馬鈴薯……………………1/2個
橄欖油………………………1小匙
A 水…………………………2杯
高湯塊……………………1塊
咖哩粉…………………1小匙
鹽…………………………少許

作法

1 菠菜洗淨、切除根部，放入滾水中汆燙40秒，取出泡常溫水，擰乾水分，切3公分段。豬肉切3公分寬。馬鈴薯切1.5公分塊狀。

2 將橄欖油倒入鍋中加熱，加入馬鈴薯、豬肉，轉中火炒1分鐘。倒入**A**，同樣以中火煮滾，煮滾後蓋上蓋子，轉小火煮10分鐘，煮到馬鈴薯變軟。加入菠菜再稍微煮一下，即可關火。

超入門款菠菜料理

清燙菠菜

時間7分鐘 | 冷藏2～3日 | 冷凍蔬菜OK

材料（2人份）

- 菠菜……1把（200g）
- A 高湯……½杯
- A 醬油……½大匙
- A 味醂……½大匙
- 柴魚片……適量

作法

1. 將A的味醂倒入耐熱容器中，微波加熱10～20秒。再和A的其他食材一起拌勻。
2. 菠菜洗淨、切除根部，放入滾水中汆燙40秒，取出泡常溫水，稍微擰去水分，再切6～7公分段。淋上一半分量的A，泡一下再稍微擰乾湯汁。
3. 將菠菜放入保鮮容器中，淋上剩下的A，吃的時後再撒上柴魚片享用。

關鍵在使用芝麻油和鹽昆布

鹽昆布炒蛋拌菠菜

時間10分鐘 | 冷凍2週 | 冷藏2～3日 | 冷凍蔬菜OK

材料（2人份）

- 菠菜……1把（200g）
- 沙拉油……½小匙
- A 蛋……1個
- A 料理酒……½小匙
- A 鹽、胡椒……各少許
- B 鹽昆布（粗的）……4g
- B 芝麻油……1小匙
- B 醬油……½小匙

作法

1. 菠菜洗淨、切除根部，放入滾水中汆燙40秒，取出泡水，稍微擰去水分，均切成4公分段備用。
2. 將芝麻油倒入平底鍋中，開中火加熱，加入拌勻的A快速拌炒，做成炒蛋。
3. 將菠菜、炒蛋和B一起拌勻即可。

以菠菜和櫻花蝦補充滿滿鈣質！

韓式菠菜拌櫻花蝦

時間5分鐘 | 冷凍2週 | 冷藏2～3日 | 冷凍蔬菜OK

材料（2人份）

- 菠菜……1把（200g）
- 櫻花蝦……4g
- A 芝麻油……1大匙
- A 雞湯粉……½小匙
- A 醬油……½小匙
- A 白芝麻……½小匙
- A 鹽、胡椒……各少許

作法

1. 菠菜洗淨、切除根部，放入滾水中汆燙40秒，取出泡水，稍微擰去水分，再均切成4公分段。
2. 將拌勻的A、菠菜、櫻花蝦一起拌勻。

玉米

- 產季／夏季
- 重要營養成分／蛋白質、膳食纖維、維生素B_1、維生素B_2、維生素E
- 食用功效／整腸、消除疲勞、抗氧化

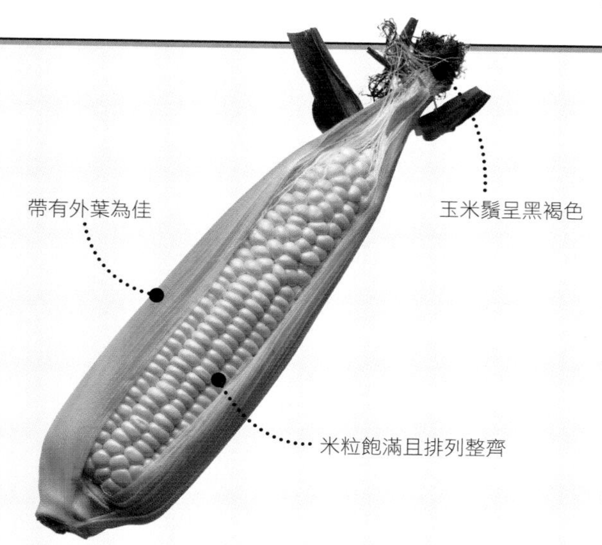

原來玉米可以有這麼多料理變化！

2根

➡ p121

➡ p123

1根

➡ p120

➡ p121

➡ p122

➡ p122

➡ p123

➡ p123

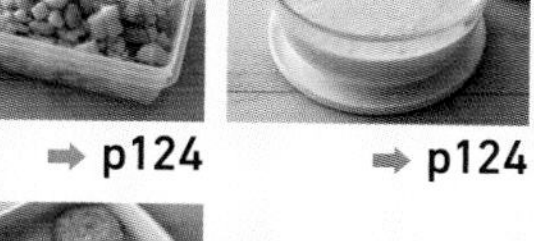
➡ p124

➡ p124

½根

➡ p124

玉米粒非常好用，可發揮在各種料理中

將玉米粒**從玉米芯上剝下來**，在料理時相當方便。拿來炒或是做沙拉、放在成品上面當作裝飾都行。此外，整根烹煮或是切大塊再煮，都能大量使用。

保存方法

冷藏 1～2日

連皮帶鬚的生鮮玉米，要一根根用保鮮膜分別包起，務必切口朝下立在冰箱保存。不過，由於玉米無法長時間保鮮，即便是冷藏保存最多也只能維持1～2天。

冷凍 約2個月

冷凍前，整根玉米先煮或蒸過後，再用菜刀將玉米粒切下來，放入冷凍用保鮮夾鏈袋中冷凍保存。冷凍的玉米粒可直接使用，或微波解凍後再用。

memo

想要品嘗玉米的甜，就要儘快食用

玉米的甜味在採收的那一瞬間就開始逐漸往下掉。因此，想要品嘗玉米的甜味，請儘早食用，否則請先冷凍保存。

主菜

在家辦BBQ派對的氛圍

BBQ烤豬肉玉米

時間**40**分鐘

材料(2人份)

玉米……**1根**
豬里肌(炸豬排用)……2塊
A 番茄醬……2大匙
醬油……1又½大匙
伍斯特醬……1大匙
蜂蜜……1大匙
醋……½大匙
蒜頭(磨泥)……1小匙

作法

1 一片豬肉切3～4等分，**用A抓勻後放進冰箱醃漬30分鐘～2小時**。玉米洗淨切4等分。

2 烤盤鋪一層鋁箔紙，先將豬里肌稍微瀝去醬汁後，排放在烤盤上。玉米先沾醃漬豬肉的醬汁，再放到烤盤上。

3 放進預熱200℃的烤箱烤20～30分鐘即可上桌。

主菜

雞翅也有玉米的香氣

燉煮玉米雞翅

時間25分鐘　冷藏2日

材料(2人份)

玉米……2根
翅小腿……4隻
芝麻油……1小匙
A 高湯……1杯
醬油……2大匙
料理酒、味醂……各1大匙
砂糖……½大匙
薑(切絲)……¼片

作法

1 玉米洗淨，切3公分寬。

2 將芝麻油倒入鍋中，開中火加熱，將雞翅皮朝下放入鍋中，煎3分鐘。加入A煮滾放入玉米，再次煮滾後蓋上蓋子，同樣以中火再煮15分鐘。**直接放涼不需取出，讓翅小腿入味即可**。

主菜

玉米與鮭魚是最強美味組合

炒玉米鮭魚

時間15分鐘　冷凍蔬菜OK

材料（2人份）

玉米……1根
新鮮鮭魚(切片)……2片
鹽、胡椒……各少許
橄欖油……1小匙
A 奶油……5g
料理酒……1大匙
高湯粉……½小匙
鹽……少許

作法

1 **用菜刀將洗淨的玉米粒切下來**。一片鮭魚切4～5等分，抹上鹽、胡椒。

2 將橄欖油倒入平底鍋中加熱，放入玉米粒、鮭魚拌炒6分鐘。**邊炒邊上下翻面**。

3 擦去鍋中多餘的油，加入A拌炒均勻即可。

主食

很適合孩子的點心一吃便露出幸福的微笑

滿滿玉米比薩

時間30分鐘　冷凍蔬菜OK

材料（2人份；2個）

玉米……………………………1根
培根……………………………1片
A 鬆餅粉………………………150g
　絹豆腐………………………75g
　橄欖油………………………2小匙
　鹽……………………………1撮
比薩醬（或番茄醬）……5大匙
起司絲…………………………100g
荷蘭芹（切末）……………適量
＊烤箱預熱到250℃。

作法

1 用菜刀將洗淨的玉米粒切下來。培根切1公分寬。

2 將A放入碗中，充分揉捏，分2等分，分別揉成略圓的麵團。接著，拿兩張烘焙紙，在麵團的上、下各放一張，先用手壓平，再拿擀麵棍將麵團擀成直徑15公分的圓形。調整形狀，**中間往下壓凹**。

3 烤盤鋪一層鋁箔紙，依序放上比薩皮、比薩醬、起司、玉米粒、培根，放進預熱250℃的烤箱烤10～15分鐘。吃的時候再撒上荷蘭芹末。

主食

小孩超愛的番茄醬口味！

玉米番茄醬炒飯

時間20分鐘　冷凍2週　冷凍蔬菜OK

材料（2人份）

玉米……………………………1根
白飯
　……比2碗多一點點（400g）
雞腿肉…………………………⅓隻
鹽、胡椒………………………各少許
橄欖油…………………………1大匙
A 番茄醬………………………¼杯
　伍斯特醬……………………1小匙
　高湯粉………………………½小匙

作法

1 用菜刀將洗淨的玉米粒切下來。雞肉去皮，切1.5公分塊狀，撒上鹽、胡椒。

2 將橄欖油倒入平底鍋中，開小火加熱，放雞肉下去炒。雞肉炒熟後，再加入玉米粒炒2分鐘。接著倒入A炒3分鐘，**炒到收汁**。

3 將白飯倒入鍋中拌勻，最後再以鹽、胡椒調味即可。

在家也有吃夜市小吃的氛圍

奶油烤玉米

時間10分鐘

材料（2人份）

玉米……………………………**2根**

A | 奶油……………………………5g
　| 醬油………………………$\frac{1}{2}$大匙

作法

1 玉米洗淨後，用保鮮膜包起來，微波加熱3分鐘，取出，**上下翻面**，再微波3分鐘。

2 將**A**加入平底鍋中，開中火加熱，拿掉玉米的保鮮膜，放玉米到鍋中煎烤，煎烤到**微焦**的程度即可享用。

鬆軟炒蛋和玉米，也很適合夾在吐司裡

玉米炒蛋

時間10分鐘　冷凍蔬菜OK

材料（2人份）

玉米……………………………**1根**

A | 蛋………………………………3個
　| 牛奶…………………1又$\frac{1}{2}$大匙
　| 鹽、胡椒………………各少許

奶油……………………………8g

番茄醬…………………………適量

作法

1 用菜刀將洗淨的玉米粒切下來。

2 將**A**、玉米粒放入碗中拌勻。

3 將奶油放入平底鍋中，開中火加熱，倒入剛剛混合的玉米粒和蛋液，再用橡皮刮刀**大範圍地攪拌**。等到蛋半熟後關火，盛盤。食用時可搭配番茄醬。

玉米和柚子胡椒意外地對味

柚子胡椒風味雞柳玉米湯

時間15分鐘　冷凍蔬菜OK

材料（2人份）

玉米……………………………**1根**

雞柳……………………………1塊

木棉豆腐……………………100g

太白粉 …適量（1～1又$\frac{1}{2}$小匙）

鹽、胡椒……………………各少許

A | 高湯…………………………350ml
　| 料理酒………………………1大匙
　| 鹽……………………………$\frac{1}{4}$小匙

柚子胡椒……………………$\frac{1}{4}$小匙

作法

1 用菜刀將洗淨的玉米粒切下來。雞柳去筋，再切塊狀，撒上鹽、胡椒以及薄薄的太白粉。

2 將**A**倒入鍋中，開中火煮滾，煮滾後放入玉米粒、雞柳。手剝豆腐，**邊剝邊放入鍋中**煮4分鐘，煮的時候如果湯上面出現浮渣要撈掉。**關火**，加入柚子胡椒拌勻、溶解。盛盤，上面再放一點柚子胡椒（材料表以外）。

沾麵味露或柚子醋醬油都好吃！

炸玉米豆腐糰

時間20分鐘 | 冷藏2～3日 | 冷凍蔬菜OK

材料（2人份）

- 玉米……………… ½根
- 胡蘿蔔……………… ¼根
- 木棉豆腐……………… 1塊（400g）
- A 蛋……………… ⅓個
- A 太白粉……………… ½大匙
- A 鹽……………… 1撮
- 油炸用油……………… 適量

作法

1. 豆腐**確實瀝乾**後，放進研磨缽搗碎，接著加入**A**拌勻。
2. 胡蘿蔔切絲，撒上少許鹽（材料表以外），靜置5分鐘，瀝乾水分。用菜刀將洗淨的玉米粒切下來。將胡蘿蔔、玉米粒、豆腐一起拌勻，再分成6等分，每份揉成扁圓形的玉米豆腐糰。
3. 油加熱到170℃，放入玉米豆腐糰，**邊上下翻面**邊炸，炸8分鐘，直到呈現金黃色，即可撈出瀝油。

鮮豔的黃、綠色組合！

玉米毛豆沙拉

時間20分鐘 | 冷凍2週 | 冷藏2日 | 冷凍蔬菜OK

材料（2人份）

- 玉米……………… **1根**
- 毛豆……………… 100g
- 洋蔥……………… ¼顆
- A 橄欖油……………… 1大匙
- A 醋……………… ½大匙
- A 鹽……………… ¼小匙
- A 胡椒……………… 少許

作法

1. 準備一鍋滾水，將整根洗淨的玉米放入煮4～5分鐘。取出，放涼一點後，用菜刀將玉米粒切下來。
2. 用同一鍋水汆燙毛豆5分鐘，取出毛豆仁。洋蔥切末，**泡水5分鐘，瀝乾水分**。
3. 將**A**拌勻後，再和玉米粒、毛豆、洋蔥一起拌勻。

熱熱喝，冷冷喝，都好喝

玉米濃湯

時間20分鐘 | 冷凍2週 | 冷藏2日 | 冷凍蔬菜OK

材料（2人份）

- 玉米……………… **1根**
- 洋蔥……………… ¼顆
- 奶油……………… 10g
- A 水……………… 150ml
- A 高湯塊……………… ½塊
- B 牛奶……………… ½杯
- B 鮮奶油……………… ¼杯
- B 鹽……………… 少許

作法

1. 用菜刀將洗淨的玉米粒切下來。洋蔥則切成薄片。
2. 將奶油放入鍋中，開比中火略小一點的火加熱，加入玉米粒和洋蔥，炒4分鐘。倒入**A**，煮滾後轉小火，蓋上蓋子再煮10分鐘。煮的時候，**用橡皮刮刀稍微將鍋中的洋蔥搗碎**。關火，整鍋倒入食物調理器打，打到**稍微還能看得到玉米粒的程度後取出**。
3. 加入**B**拌勻即完成。

馬鈴薯

- 產季／春～夏季
- 重要營養成分／維生素C、膳食纖維、胺基丁酸、綠原酸
- 食用功效／整腸、放鬆、抗氧化

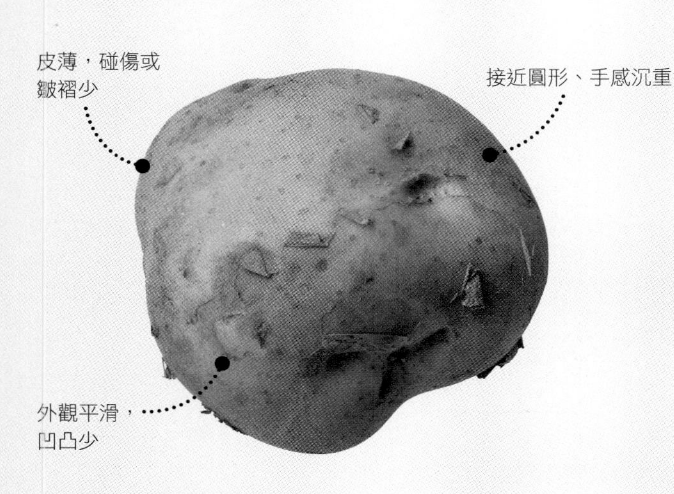

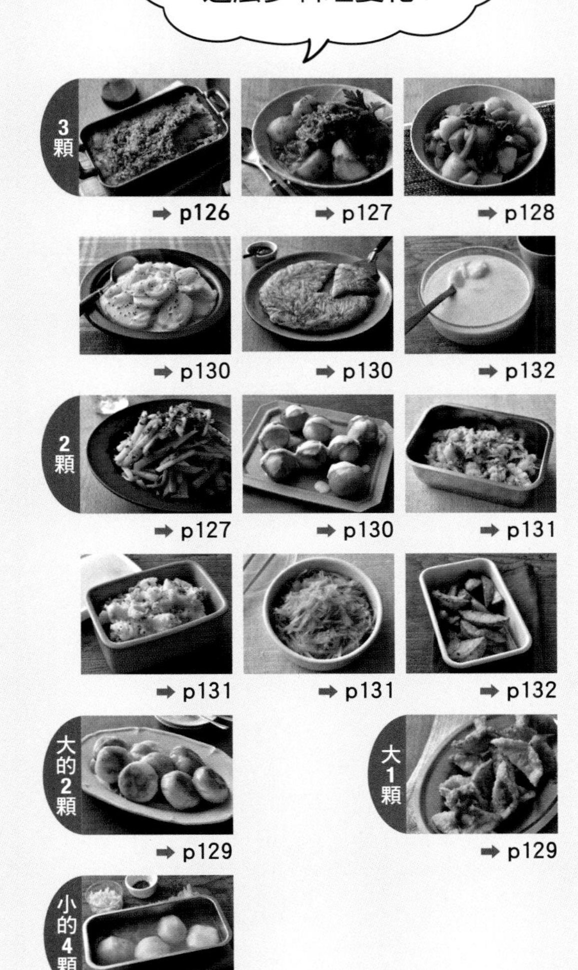

大方地整顆使用！

馬鈴薯除了使用**一整顆，也能切大塊燉、煮，或是蒸了再搗碎**，就能一次用掉很多。此外，使用正確的保存方法，就不會影響馬鈴薯的美味程度，還能長時間保存，慢慢消耗掉，絕對不是問題。

保存方法

常溫　約4個月

鋪一層報紙在紙箱裡，再將馬鈴薯放進去，上面再蓋一層報紙，放在通風良好的陰涼處保存。蓋報紙是為了阻絕光線，防止發芽。不過，建議夏天時還是冷藏保存為佳。

冷藏　約3個月

馬鈴薯放在溫度過低的地方，很快就會損傷。為預防馬鈴薯受寒，請先用報紙或廚房紙巾，一個一個分別包起，再放進塑膠袋中冷藏保存，如此一來便能延長保鮮期。

主菜

不用炸、用湯匙舀著吃也很好吃！

可樂餅鹹蛋糕

時間20分鐘

材料（2人份）

- 馬鈴薯⋯⋯⋯⋯**3顆（淨重300g）**
- 豬絞肉⋯⋯⋯⋯⋯⋯⋯⋯⋯100g
- 洋蔥⋯⋯⋯⋯⋯⋯⋯⋯⋯⋯1/4顆
- 鹽、胡椒⋯⋯⋯⋯⋯⋯⋯⋯各少許
- 橄欖油⋯⋯⋯⋯⋯⋯⋯⋯⋯1小匙
- **A** 麵包粉⋯⋯⋯⋯⋯⋯⋯⋯1/2杯
- 　 橄欖油⋯⋯⋯⋯⋯1又1/2大匙
- 中濃醬、檸檬⋯⋯⋯⋯⋯⋯各適量

作法

1. 將**A**倒入平底鍋中，開中火炒，麵包粉炒到變淺褐色，取出備用。
2. 洋蔥切末。橄欖油倒入平底鍋中，開中火加熱，加入絞肉和洋蔥一起炒。
3. 馬鈴薯洗乾淨後，不需擦乾，直接用保鮮膜包起來，微波加熱4分鐘，取出翻面，再微波4分鐘，微波到竹籤能夠刺透的程度。去皮，**趁熱搗碎**。
4. 將洋蔥絞肉、鹽、胡椒、馬鈴薯一起拌勻，盛盤。上面放麵包粉，搭配中濃醬、檸檬享用。

主菜

飄散著咖哩粉的香味

咖哩肉醬薯條

時間20分鐘　冷藏2～3日

材料（2人份）

- 馬鈴薯………**2顆（淨重200g）**
- 洋蔥……………………1/6顆
- 牛豬絞肉………………70g
- 橄欖油…………………2小匙
- A
  - 料理酒………………1大匙
  - 咖哩粉………………2/3小匙
  - 醬油…………………2/3小匙
  - 味醂…………………2/3小匙
  - 鹽、胡椒……………各少許
- 荷蘭芹（切末）…………適量

作法

1. 馬鈴薯先削皮再切細條狀，泡一下水，**瀝乾水分**。洋蔥去皮切薄片。
2. 橄欖油倒入平底鍋中，開中火加熱，加入絞肉、馬鈴薯、洋蔥，蓋上蓋子，偶爾掀蓋翻炒，炒12分鐘。
3. 將**A**加入鍋中，全部拌炒均勻。盛盤，撒上荷蘭芹末。

主菜

馬鈴薯和番茄的酸甜味很契合

番茄燉馬鈴薯鯖魚

時間30分鐘　冷藏2～3日

材料（2人份）

- 馬鈴薯………**3顆（淨重300g）**
- 洋蔥……………………1/4顆
- 水煮鯖魚罐頭……1罐（200g）
- 橄欖油…………………1小匙
- A
  - 水煮番茄罐頭………1杯
  - 水……………………1杯
  - 乾羅勒………………1/2小匙
  - 鹽、粗黑胡椒粉…各少許
  - 義大利香芹（可省略）……………適量

作法

1. 馬鈴薯先削皮再切4等分，泡一下水，瀝乾水分。洋蔥去皮切薄片。
2. 將橄欖油倒入鍋中開中火加熱，放入馬鈴薯、洋蔥炒3分鐘。加入**A**煮滾，煮滾後轉小火，**蓋上蓋子**，煮15分鐘，煮到馬鈴薯變軟。接著，放入稍微瀝掉湯汁的鯖魚，煮4分鐘。
3. 盛盤。如果有義大利香芹就撒上調味。

主菜

馬鈴薯料理中的真本領

馬鈴薯燉肉

時間30分鐘 冷藏2～3日

材料(2人份)

馬鈴薯……3顆(淨重300g)
洋蔥……½顆
胡蘿蔔……½根
四季豆……3根
牛里肌薄片……120g
沙拉油……1小匙

A
高湯……1杯
醬油……1又½大匙
味醂……1大匙
料理酒……1大匙
砂糖……⅔大匙

作法

1 馬鈴薯先削皮再切4等分。洋蔥去皮切月牙形後撥散。胡蘿蔔去皮、切滾刀塊。四季豆洗淨切3～4等分。牛肉切6公分長，備用。

2 油倒入鍋中，開中火加熱，放入馬鈴薯、洋蔥、胡蘿蔔、牛肉，炒3分鐘，待**食材將鍋中的油分都吸收**時，加入A，轉小火煮10分鐘。接著放入四季豆煮5分鐘，煮到馬鈴薯變軟就可以關火。

3 顆

馬鈴薯相當入味～

淋上濃稠的砂糖醬油

馬鈴薯麻糬

時間30分鐘　冷藏2日

材料（2人份）

馬鈴薯

……大的2顆（淨重300g）

太白粉……2大匙

牛奶……1大匙

鹽……¼小匙

沙拉油……1小匙

A　水……⅓杯

醬油……2小匙

砂糖……2小匙

太白粉……1小匙

作法

1 馬鈴薯先削皮再切4～6等分，放入冷水中，從冷水開始煮10～12分鐘，煮到馬鈴薯變軟，取出放在濾網上。趁熱搗碎，再和太白粉、牛奶、鹽一起拌勻。揉成8個扁平圓形。

2 將油倒入平底鍋中，開中火加熱，放入馬鈴薯麻糬煎，兩面各煎3～4分鐘，煎到呈現金黃色，盛盤。

3 將**A**的食材由上而下依序放入鍋中，開中火，邊攪拌邊煎。煎到出現稠稠的芡汁，關火，淋在馬鈴薯麻糬上。

零食般的感覺，一個接一個

炸咖哩餃

時間30分　冷藏2日

材料（2～3人份）

馬鈴薯．大的1顆（淨重150g）

A　鮪魚罐頭（瀝掉油）

……½罐（35g）

印度瑪撒拉綜合香料

（或咖哩粉）……¼小匙

鹽……⅙小匙

餃子皮……10張

低筋麵粉……1大匙

（加少量水溶解）

油炸用油……適量

紅椒粉（如果有）……適量

作法

1 馬鈴薯先削皮再切4～6等分，放入冷水中，從冷水開始煮10～12分鐘，煮到馬鈴薯變軟，取出放在濾網上。趁熱搗碎，再和**A**一起拌勻。完成餃子餡。

2 將餃子餡平均放到10張餃子皮上，**沾一點太白粉水**抹在餃子皮邊緣，餃子平分三邊對折、**捏緊**。

3 將油加熱到170℃，放入餃子炸3分鐘，炸到呈現金黃色。如果有紅椒粉，就撒上一點增色。

配菜

溫潤鮮奶油中帶點微酸的滋味

芥末奶油馬鈴薯

時間20分鐘

材料(2人份)

馬鈴薯…………3顆(**淨重300g**)
洋蔥…………………………$\frac{1}{2}$顆
奶油…………………………10g
水……………………………1杯
A 牛奶………………………$\frac{1}{2}$杯
鮮奶油………………………$\frac{1}{4}$杯
黃芥末籽醬…………………1大匙
鹽……………………………$\frac{1}{3}$小匙
胡椒…………………………少許

作法

1. 馬鈴薯削皮，再切成0.8公分厚的圓片，泡一下水，瀝乾水分。洋蔥切薄片。
2. 將奶油放入鍋中，開中火加熱，放入馬鈴薯片、洋蔥炒3分鐘。加入水煮滾，煮滾後轉小火，蓋上蓋子煮13分鐘，煮到馬鈴薯變軟即可。
3. 將**A**加入鍋中，持續加熱，一煮滾就關火盛盤。

煎出微焦金黃色！

馬鈴薯起司煎餅

時間20分鐘

材料(2人份)

馬鈴薯…………3顆(**淨重300g**)
A 起司粉……………………2大匙
鹽……………………………$\frac{1}{4}$小匙
胡椒…………………………少許
奶油…………………………10g
番茄醬(依個人喜好)………適量

作法

1. 馬鈴薯先削皮，再用刨絲器刨絲，和**A**一起拌勻。
2. 奶油放入直徑約20公分的平底鍋中，開中火加熱，放入馬鈴薯絲稍微拌炒。待馬鈴薯變軟，再**用橡皮刮刀將馬鈴薯壓碎**，整成圓形。蓋上蓋子，轉小火煎5分鐘。翻面繼續煎。盛盤，可依個人喜好搭配番茄醬。

圓滾滾超可愛

煙燻鮭魚捲馬鈴薯

時間15分鐘

材料(2人份)

馬鈴薯…………2顆(**淨重200g**)
煙燻鮭魚……………………8片
A 牛奶……………1又$\frac{1}{2}$大匙
鹽、胡椒……………………各少許
B 美乃滋…………1又$\frac{1}{2}$大匙
牛奶…………………………1小匙
芥末醬………………………$\frac{1}{3}$小匙

作法

1. 馬鈴薯先削皮，再切4～6等分，泡一下冷水後取出。放入冷水中，從冷水開始煮10～12分鐘，將馬鈴薯煮到能用竹籤刺透的程度，取出放在濾網上。**趁熱搗碎**馬鈴薯，再和**A**一起拌勻。分8等分，每份都整成圓形。
2. 煙燻鮭魚如果太大片，就切對半，再把馬鈴薯捲起來。
3. 盛盤，淋上拌勻的**B**即可。

清爽吃不膩

醃梅乾魩仔魚馬鈴薯沙拉

時間15分鐘 | 冷藏2～3日

材料（2人份）

馬鈴薯…………**2顆（淨重200g）**
魩仔魚（乾的）………1又1/2大匙
醃梅乾…………………………2個
青紫蘇…………………………4葉
A 美乃滋……………………2大匙
醋……………………………1小匙
鹽、胡椒……………………各少許

作法

1. 馬鈴薯先削皮再切4～6等分。將馬鈴薯放入冷水中，從冷水開始煮10～12分鐘，煮到能用竹籤刺穿的程度，取出放在濾網上。**趁熱**將馬鈴薯粗略搗碎。
2. 醃梅乾去籽，切5毫米的大小。青紫蘇切絲，泡一下水，瀝乾水分備用。
3. 將馬鈴薯、魩仔魚、醃梅乾、青紫蘇和**A**一起拌勻。

濃醇香的奶油乳酪！

馬鈴薯奶油乳酪沙拉

時間20分鐘 | 冷藏2～3日

材料（2人份）

馬鈴薯………**2顆（淨重200g）**
培根…………………………1片
奶油乳酪……………………30g
A 美乃滋…………2又1/2大匙
檸檬汁………………1小匙
鹽、胡椒……………各少許
粗黑胡椒粉……………適量

作法

1. 馬鈴薯先削皮再切4～6等分，放入冷水中，從冷水開始煮10～12分鐘，煮到馬鈴薯能用竹籤刺穿的程度，取出放在濾網上。**趁熱**搗半碎備用。
2. 奶油乳酪切1公分塊狀。培根切8毫米寬。全都先放在鋁箔紙上，再放進小烤箱烤，烤到微焦脆。
3. 將馬鈴薯、奶油乳酪、培根和**A**拌勻，撒上黑胡椒粉即可。

柴魚風味的爽脆馬鈴薯

馬鈴薯絲拌柴魚片

時間15分鐘 | 冷藏2～3日

材料（2人份）

馬鈴薯…………**2顆（淨重200g）**
A 柴魚片…………………………4g
醬油………………………2小匙
芝麻油……………………1小匙
砂糖………………………1/4小匙

作法

1. 馬鈴薯洗淨、去皮先用刨絲器刨細絲，泡一下水後瀝乾水分。放進滾水中煮2分半～3分鐘，取出先放在濾網上，再快速**過一下冷水，擰乾水分備用**。
2. 將馬鈴薯和**A**一起拌勻即完成。

常備菜

馬鈴薯帶皮煎得香噴噴～

德式煎馬鈴薯塊

時間15分鐘 | 冷藏2～3日

材料(2人份)

馬鈴薯…………**2顆(淨重200g)**
維也納香腸(切4等分)………2根
蒜頭(切薄片)…………………1瓣
橄欖油…………………………2大匙
鹽、粗黑胡椒粉…………各少許

作法

1. 馬鈴薯洗淨切8等分的塊狀，泡一下冷水，**瀝乾水分**。
2. 將橄欖油、蒜片倒入平底鍋中，開小火爆香，待香味出來後，先取出蒜片備用。加入馬鈴薯塊，煎5分鐘，邊煎邊上下翻面，接著放入維也納香腸拌炒。
3. 將蒜片放回鍋中，拿廚房紙巾吸去多餘的油，再依個人喜好以鹽、黑胡椒粉調味。

將馬鈴薯搗碎到能稍微看見小塊狀

法式馬鈴薯冷湯

時間30分鐘 | 冷藏2日

材料(2人份)

馬鈴薯…………**3顆(淨重300g)**
洋蔥……………………………1/4顆
奶油……………………………10g
A 水……………………………1杯
　高湯塊………………………1/2塊
　鹽、胡椒…………………各少許
牛奶……………………………1杯

作法

1. 馬鈴薯先削皮再切0.5公分厚的半圓形。洋蔥切薄片。
2. 奶油放入鍋中，開中火加熱，加入馬鈴薯、洋蔥炒3分鐘。接著倒入**A**煮滾，煮滾後轉小火，蓋上蓋子繼續煮15分鐘，煮到馬鈴薯變軟。**用橡皮刮刀將馬鈴薯和洋蔥一起搗半碎**。
3. 加入牛奶拌勻，放進冰箱冰鎮。

鮮味高湯也滲透進馬鈴薯中

整顆馬鈴薯湯

時間35分鐘 | 冷藏2～3日

材料(2人份)

馬鈴薯……**小的4顆(淨重320g)**
洋蔥……………………………1/4顆
橄欖油………………………1小匙
A 水……………………………2杯
　高湯塊………………………1塊
　鹽、胡椒…………………各少許
起司絲…………………………50g
黑胡椒粉……………………少許

作法

1. 馬鈴薯削皮，泡一下冷水，瀝乾水分。洋蔥切薄片。
2. 橄欖油倒入平底鍋中，開中火加熱，加入馬鈴薯、洋蔥炒3分鐘。倒入**A**煮滾，煮滾後轉小火，蓋上蓋子再煮25分鐘，將馬鈴薯煮到能用竹籤刺穿的程度。
3. **要吃的時候再放入起司、撒上黑胡椒粉**。

南瓜

- 產季／夏季
- 重要營養成分／β胡蘿蔔素、維生素C、維生素E
- 食用功效／促進血液循環、預防感冒、抗氧化

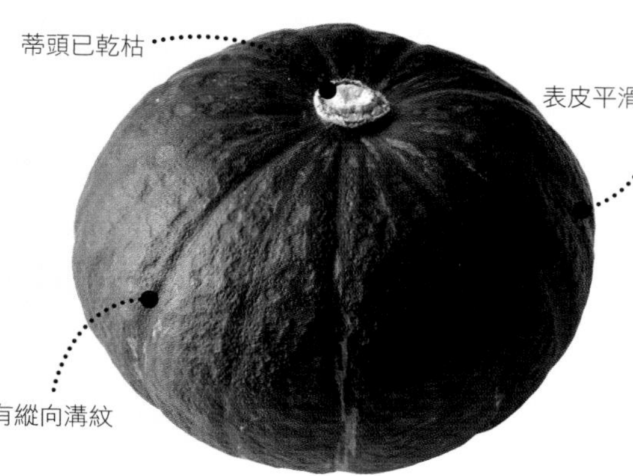
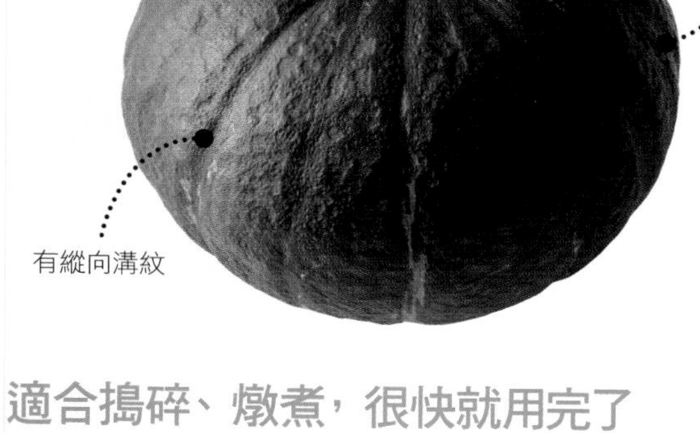

原來南瓜可以有
這麼多變化！

1/4顆

➡ p137

➡ p139

1/5顆

➡ p134

➡ p135

➡ p135

➡ p136

1/6顆

➡ p138

1/8顆

➡ p136

➡ p138

➡ p138

➡ p139

➡ p139

➡ p140

➡ p140

➡ p140

適合搗碎、燉煮，很快就用完了

搗碎、燉煮、做湯，都能大量使用到南瓜。烹調時，如果切得太大塊，就要久煮，因此，關鍵在於將南瓜**切成一口大小**來使用。此外，如果將南瓜**做成糕點**，就能一次大量用掉。

保存方法

常溫　約2個月

建議一整顆直接常溫保存。用報紙包起，放在通風良好的陰涼處。

冷藏　約1週

切開來的南瓜容易腐壞，需先用湯匙去除籽和果瓤，再用保鮮膜包起來冷藏保存。

冷凍　約1個月

切薄片或切成一口大小，稍微汆燙一下，再放入冷凍用保鮮袋中冷凍保存。使用時，微波解凍或是直接料理都行。

主菜

溫潤的酸味，爽口的滋味

糖醋南瓜雞腿肉

時間20分鐘 | 冷凍蔬菜OK

材料(2人份)

南瓜……………………1/5顆(250g)
去骨雞腿肉……小的1隻(200g)
A | 醬油、料理酒……各1/2大匙
太白粉……………………………適量
芝麻油……………………………1大匙

B | 水……………………………2大匙
砂糖……………………1又1/3大匙
番茄醬、醋、醬油‥各1大匙
太白粉…………………………1小匙
雞湯粉…………………………1/2小匙
薑(磨泥)……………………1/2小匙
山椒粉……………………………適量

作法

1. 南瓜洗淨切1公分厚的月牙形，每片再切成3等分。去骨雞腿肉切4公分塊狀，加入A抓勻，撒上薄薄的太白粉。
2. 芝麻油倒入平底鍋中，將南瓜片、去骨雞腿肉排放在鍋中，開中火煎，蓋上蓋子，煎7～8分鐘，途中要翻面。
3. 拿廚房紙巾將鍋中多餘的油擦掉，將B的材料由上而下依序拌勻後倒入鍋中，**輕輕地拌炒**，以免碰壞南瓜的形狀，炒到出現稠稠的芡汁為止。盛盤，撒上山椒粉。

1/5顆

主菜

南瓜的甜味讓人忍不住再咬一口

南瓜鮪魚咖哩風味可樂餅

時間20分鐘

材料（2人份）

- 南瓜……………… 1/5顆（250g）
- 水…………………………1大匙
- A
  - 鮪魚罐頭（瀝掉湯汁）………………………1罐（70g）
  - 咖哩粉……………1/3小匙
  - 鹽……………………1/6小匙
- 低筋麵粉、蛋液、麵包粉……………………………各適量
- 油炸用油……………………適量
- 貝比生菜、中濃醬……各適量

作法

1. 南瓜洗淨切4公分塊狀，放入耐熱容器中，**加入水**，蓋上保鮮膜，微波加熱3分鐘，加熱到南瓜變軟。
2. 將南瓜搗碎，和A一起拌勻，分4等分，揉成小圓形。接著依序沾上低筋麵粉、蛋液、麵包粉。
3. 平底鍋中**倒多一點油**，開中火加熱，放入南瓜圓餅煎3～4分鐘，兩面都要煎到金黃色。盛盤，搭配貝比生菜、中濃醬。

主菜

重點在麵包粉要烤到焦脆

蒜泥麵包粉烤南瓜蝦仁

時間20分鐘　冷凍蔬菜OK

材料（2人份）

- 南瓜…………… 1/5顆（250g）
- 蝦仁（大）………………150g
- A 鹽、胡椒…………各少許
- B
  - 麵包粉……………1/2杯
  - 蒜頭（切末）…………1瓣
  - 橄欖油……1又1/2大匙
  - 起司粉…………1大匙
  - 綜合義大利香料‥1小匙
  - 鹽………………1/4小匙

作法

1. 南瓜洗淨切0.8公分寬的月牙形，放入耐熱容器中，蓋上保鮮膜，微波加熱3分鐘。
2. 蝦仁去除腸泥，撒上A，放入耐熱容器中，蓋上保鮮膜，微波加熱1分半鐘。
3. 將蝦仁放在南瓜上面，淋上拌勻的B，**蓋上鋁箔紙**，放進小烤箱烤3分鐘，鋁箔紙拿掉，再烤3分鐘。

主菜

南瓜的甜和豬五花的鹹，超對味

奶油醬炒南瓜豬五花

時間20分鐘　冷藏2日　冷凍蔬菜OK

材料(2人份)

南瓜……1/5顆(250g)
豬五花薄片……160g
低筋麵粉……適量
橄欖油……1小匙
A
奶油……5g
醬油……1大匙
料理酒……2小匙
蒜頭(磨泥)……1/2小匙

作法

1 南瓜洗淨切0.8公分厚的月牙形，再切對半。

2 豬五花薄片切成能捲起南瓜的長度，一片約切2～3等分。將南瓜捲起，**捲到最後用力壓緊固定**，撒上薄薄的低筋麵粉。

3 將橄欖油倒入平底鍋中，開中火加熱，將南瓜豬肉卷的收口朝下，放入鍋中，蓋上蓋子，邊煎邊掀蓋翻面，兩面各煎5～6分鐘。擦去鍋中多餘的油後，加入A拌炒均勻即可。

主食

米飯也有南瓜的甜味

蒜味南瓜燉飯

時間30分鐘

材料(2～3人份)

南瓜……1/8顆(150g)
米……1量米杯(200ml)
洋蔥(切末)……1/8顆
蒜頭(切末)……1瓣
橄欖油……1又1/2大匙
A
水……3杯
白葡萄酒……1大匙
高湯塊……1塊
起司粉……適量
鹽、粗黑胡椒粉……各少許

作法

1 南瓜洗淨切成2公分塊狀。米洗淨、瀝乾。

2 將橄欖油、洋蔥、蒜末倒入平底鍋，開小火拌炒，待蒜末的香味出來後再加入生米，轉中火炒2分鐘。

3 將A倒入鍋中煮滾，煮滾前要攪拌2～3次。煮滾後，蓋上蓋子，轉小火煮10分鐘。放入南瓜，繼續煮8～10分鐘後關火。先用鹽調味，再盛盤，撒上起司粉和黑胡椒粉即完成。

主食

祕訣是用微波，不是用煮的

南瓜麵疙瘩

時間30分鐘

材料（2～3人份）

南瓜……………………¼顆（淨重250g）

A
- 橄欖油……………………1大匙
- 鹽……………………⅙小匙
- 起司粉……………………1大匙
- 低筋麵粉、太白粉……各4大匙

洋蔥……………………½顆

培根……………………3片

橄欖油……………………1大匙

白葡萄酒或料理酒……………2大匙

B
- 高湯塊……………………½塊
- 白醬……………………½罐（150g）
- 牛奶……………………½杯

鹽、胡椒……………………各適量

荷蘭芹（切末）……………………適量

作法

1. 南瓜洗淨，切1公分厚的月牙形，放入耐熱容器中，加入1大匙水（材料表以外），蓋上保鮮膜，微波加熱4分鐘。
2. 剝掉南瓜的皮，趁熱搗碎，將A的材料由上而下依序加入南瓜中，捏成麵團，再切分成一口大小的橢圓形，放在攤平的保鮮膜上，醒麵。
3. 洋蔥切薄片。培根切1公分寬。橄欖油倒入平底鍋中，開中火拌炒，倒入白葡萄酒煮滾。煮滾後放入B，邊煮邊攪拌至呈現濃稠狀。接著以鹽、胡椒調味。
4. 另煮一鍋滾水，放入鹽、南瓜麵團煮3分鐘後，放在濾網上。
5. 將南瓜麵團放進平底鍋中，開中火煮，讓醬汁黏附在麵疙瘩上。盛盤，撒上荷蘭芹末。

配菜

南瓜的甜味和豆漿交織出溫潤好滋味

豆乳燉煮南瓜雞柳

時間20分鐘 | 冷凍蔬菜OK

材料(2人份)

南瓜……1/8顆(200g)
洋蔥……1/3顆
雞柳……1條
鹽、胡椒……各少許
低筋麵粉……1又1/2大匙
奶油……10g
A 水……1杯
　高湯塊……1塊
豆乳(豆漿)……150ml

作法

1 南瓜洗淨，切3公分塊狀。洋蔥切薄片。雞柳去筋，切塊狀，灑上鹽、胡椒拌勻備用。

2 奶油放入鍋中，開中火加熱，加入南瓜、洋蔥、雞柳炒2分鐘，接著**全部撒上低筋麵粉**，拌勻。倒入A煮滾，煮滾後蓋上蓋子，轉小火煮8分鐘，煮到南瓜變軟。

3 豆漿倒入鍋中加熱，一煮滾就可以關火。

配菜

鬆軟的南瓜和芝麻醬非常契合

蒸南瓜佐芝麻醬

時間10分鐘

材料(2人份)

南瓜……1/6顆(200g)
鹽……少許
A 白芝麻醬……1大匙
　砂糖……1小匙
　醬油……1小匙
　醋……1小匙
　水……1小匙
　和風高湯(顆粒)……少許

作法

1 南瓜洗淨，切0.8公分厚的月牙形，放入耐熱容器中，**加入1大匙水(材料表以外)**，撒上鹽，蓋上保鮮膜，微波加熱3分鐘，盛盤。

2 將A的材料由上而下依序拌勻，淋在南瓜上。

如果沒有白芝麻醬，用白芝麻仁替代也OK，或是加入碎核桃也好吃。

配菜

蒜頭的香味促進食慾！

蒜香辣椒橄欖油炒南瓜

時間20分鐘 | 冷凍蔬菜OK

材料(2人份)

南瓜……1/8顆(200g)
培根(切1.5公分寬)……2片
蒜頭(切薄片)……1瓣
辣椒(切圓片)……1撮
橄欖油……1大匙
鹽、粗黑胡椒粉……各少許

作法

1 南瓜洗淨切0.5公分厚，再切3～4等分，或切成容易入口的長度。

2 將橄欖油、蒜片、辣椒加入平底鍋中，開中火加熱，待蒜片香味出來後，取出蒜片備用。鍋中放入南瓜、培根，蓋上蓋子，拌炒7～8分鐘，偶爾掀蓋將食材上下翻面。

3 放入剛剛取出的蒜片，以鹽、黑胡椒調味即完成。

鬆軟綿密的好滋味

燉煮南瓜

時間20分鐘 | 冷藏2～3日

材料(3～4人份)

南瓜……………………1/4顆(300g)

A
- 水……………………150ml
- 醬油…………………1又1/2大匙
- 砂糖…………………1又1/2大匙
- 鹽……………………少許

1. 南瓜洗淨切3～4公分塊狀。
2. 將A倒入鍋中拌勻，再將南瓜以皮朝下放入鍋中，蓋上蓋子，開中火煮滾。煮滾後轉小火，蓋上蓋子，繼續煮10分鐘。

POINT

也可以把醬汁和南瓜放入耐熱容器中，蓋上保鮮膜，微波加熱7～8分鐘。中途微波到3～4分鐘時，要將南瓜翻面再微波。

加入薑絲增添清爽感

涼拌南瓜糯米椒

時間20分鐘 | 冷藏2～3日

材料(2人份)

南瓜……………………1/8顆(200g)

糯米椒…………………8根

沙拉油…………………2～3大匙

A
- 麵味露(2倍濃縮)………1/3杯
- 水……………………3大匙
- 薑(切絲)………………1/2片

作法

1. 南瓜切0.8公分厚的月牙形後，長度再切對半。
2. 油倒入平底鍋中，開中火加熱，放入南瓜煎7～8分鐘，糯米椒煎3～4分鐘。**邊煎邊翻面**。瀝乾油。
3. 趁南瓜和糯米椒還熱熱的，放入A中醃漬即完成。

可以當作零食點心的金平

肉桂風味金平南瓜

時間20分鐘 | 冷藏2～3日

材料(2人份)

南瓜……………………1/8顆(200g)

沙拉油…………………1/2大匙

A
- 砂糖…………………1又1/2大匙
- 醬油…………………2小匙

肉桂粉…………………少許

作法

1. 南瓜洗淨切0.5公分條狀。
2. 將油倒入平底鍋中，開中火加熱，熱了後火侯轉小一點，放入南瓜炒5分鐘，炒到南瓜能用竹籤刺穿的程度。
3. 將A倒入平底鍋中，繼續炒2～3分鐘，熟了後關火，撒上肉桂粉即可上桌。

*金平（きんぴら）：將根莖類蔬菜切成細條狀，加入日式調味料拌炒而成的小菜。

搶眼的核桃口感

南瓜核桃沙拉

時間10分鐘 | 冷藏2～3日 | 冷凍蔬菜OK

材料（2人份）

南瓜……………………1/8顆（200g）
洋蔥………………………………1/6顆
核桃（切粗末）………………………35g
A 美乃滋……………………2大匙
　鹽、胡椒…………………各少許

作法

1 南瓜洗淨切3公分塊狀，放入耐熱容器中，加入1大匙水（材料表以外），蓋上保鮮膜，微波加熱3分鐘。微波到能用竹籤刺透的程度。接著**趁熱將南瓜稍微搗一下，但不要完全搗碎，要還看得到南瓜塊的樣子**。洋蔥切薄片，泡一下水，蓋上保鮮膜，微波加熱20～30秒，再泡一下水，接著擰乾水分。

2 將南瓜、洋蔥、核桃和**A**一起拌勻享用。

芝麻、味噌與南瓜的香氣，好想吃！

南瓜拌芝麻味噌

時間10分鐘 | 冷藏2～3日 | 冷凍蔬菜OK

材料（2人份）

南瓜……………………1/8顆（200g）
A 白芝麻…………1又1/2大匙
　味噌……………………1/2大匙
　砂糖………………………1小匙
　醬油……………………1/2小匙

作法

1 南瓜洗淨切2公分塊狀，放入耐熱容器中，加入1大匙水（材料表以外），蓋上保鮮膜，微波加熱3分鐘。微波到能用竹籤刺穿的程度。

2 把南瓜和拌勻的**A**一起拌勻即可。

不只可以直接吃，還可以抹法國麵包

南瓜奶油乳酪醬

時間15分鐘 | 冷藏2～3日

材料（2人份）

南瓜……………………1/8顆（200g）
奶油乳酪（在室溫下放軟）……30g
美乃滋…………………………1/2大匙
鹽………………………………少許

作法

1 南瓜洗淨切4公分塊狀，放入冷水中，**從冷水開始煮10分鐘，將南瓜煮到能用竹籤刺穿的程度**，取出，瀝乾水分。**趁熱去皮、搗碎**，放涼備用。

2 用橡皮刮刀將奶油乳酪切半至棉柔狀態，再加入南瓜、美乃滋、鹽一起拌勻。

地瓜

- 產季／秋季
- 重要營養成分／維生素C、維生素B_1、維生素B_6、膳食纖維
- 食用功效／抗氧化、預防肌膚乾燥、整腸

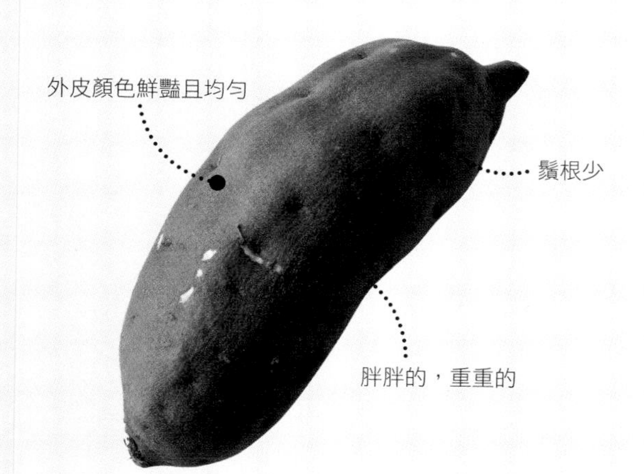

不僅能入菜，也能做成糕點

地瓜**不只能入菜，還能做成甜點**，和油類也很搭，炸、炒、裹上奶油，都能大大提升美味度。另推薦搗成泥狀的料理方法。

保存方法

常溫 約**1**個月

因為地瓜不耐低溫，請一條一條分別用報紙包起，再放到陰涼處保存。如果不包報紙，也可以直接放入紙箱中，再放置陰涼處保存。

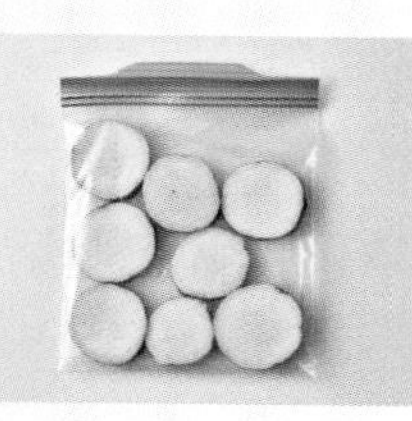

冷凍 約**1**個月

帶皮切成圓片等容易使用的大小，泡水，擦乾水分，再放入冷凍用保鮮袋，就可以放進冰箱冷凍保存。

memo

地瓜放個幾天，甜味UP！

剛從土裡挖出來的地瓜甜度低，若想享用甜甜的地瓜，建議常溫放個幾天後再烹調來吃。

將邊邊角角的豬肉揉成球狀，增加分量感！

主菜

糖醋地瓜豬肉片

時間25分鐘

材料（2人份）

地瓜……………………1/2條（200g）
洋蔥……………………1/3顆
豬肉片……………………150g
鹽、胡椒……………………各少許
太白粉……………………1大匙
芝麻油……………………2大匙

A
水……………………1/2杯
醋、砂糖……………………各1又1/2大匙
醬油……………………比1大匙多一點
太白粉、番茄醬、
料理酒……………………各1大匙
薑（磨泥）……………………1小匙
雞湯粉……………………1/2小匙

作法

1 地瓜洗淨切0.8公分厚的半圓形，泡水5分鐘，擦乾水分。洋蔥去皮切月牙形，撥散開來。豬肉**用手捏成**直徑4公分、厚1公分的**球狀**，再撒上鹽、胡椒、太白粉。

2 芝麻油倒入平底鍋中，開小火加熱，放入地瓜，蓋上蓋子，煎3分鐘，邊煎邊把地瓜上下翻面。加入豬肉片、洋蔥稍微拌炒一下，煎4～5分鐘。

3 **拿廚房紙巾吸掉鍋中一半的油量**，再加入A拌炒，炒到出現濃稠芡汁。

主菜

鹹甜好滋味

奶油醬油炒地瓜培根

時間20分鐘

材料(2人份)

地瓜……½條(200g)
培根……2片
橄欖油……1大匙
A 奶油……10g
醬油……½大匙
蒜頭(磨泥)……½小匙
鹽、黑胡椒粉……各少許

作法

1 地瓜洗淨切0.5公分厚的銀杏葉狀，泡水5分鐘，瀝乾水分。培根切0.8公分寬。

2 將橄欖油倒入平底鍋中，開中火加熱，放入地瓜和培根，蓋上蓋子，轉小火煎7分鐘。邊煎邊掀蓋拌炒。

3 **拿廚房紙巾吸去2的油量的一半**，加入A拌炒。

主菜

吃得到地瓜的柔和甜味

炸芝麻地瓜球

時間25分鐘

材料(2人份)

地瓜……小的½條(150g)
砂糖……2又½大匙
鹽……少許
白芝麻……4大匙
油炸用油……適量
A 白玉粉……100g
砂糖……20g
水……80ml

作法

1 地瓜洗淨先削皮再切1公分厚的圓片，泡一下水，瀝乾水分。地瓜放入冷水中，從冷水開始以中火煮8分鐘。取出放在濾網上，**趁熱搗碎**。加入砂糖和鹽，揉成棉柔狀。分10等分，再搓成圓形，完成地瓜餡。

2 將A揉成棉柔狀，也分10等分，每份同樣搓成圓形後，壓平，將圓圓的地瓜餡放上去，包起，四周撒上白芝麻。以同樣方法做出另外9個，備用。

3 油加熱到170℃，放入芝麻地瓜球炸4～5分鐘，炸到呈現金黃色。

主食

用一點點鹽分提出地瓜的甜

芝麻鹽地瓜飯

時間50分鐘

材料（3～4人份）

地瓜……………1/2條（200g）
米…………2量米杯（360ml）
料理酒……………………1大匙
鹽……………………………1/4小匙
芝麻鹽……依喜好適量添加

作法

1 米洗淨，放入電鍋，在鍋中倒入2量米杯的水，靜置30分鐘以上，讓米吸水。

2 地瓜切成0.8公分厚的銀杏葉狀，泡水5分鐘，接著瀝乾水分。

3 將米的水倒掉1大匙，再加入料理酒、鹽拌勻後，放入地瓜，以一般煮飯模式烹煮。煮好後，稍微攪拌一下，可依個人喜好撒一點芝麻鹽。

主食

螞蟻人最愛，甜味直衝腦門！

奶香蜂蜜地瓜吐司

時間20分鐘　冷藏2～3日

材料（2人份）

地瓜……………1/2條（200g）
A｜砂糖……………………50g
　｜奶油……………………10g
　｜牛奶……………………1大匙
吐司…………………………2片
黑芝麻……………………適量
蜂蜜……依喜好適量添加

作法

1 地瓜洗淨先削皮，再切1公分厚的圓片，泡一下水，瀝乾水分。放入冷水中，開中火煮8分鐘，煮到地瓜變軟，取出放在濾網上，**趁熱搗碎**。加入A拌勻。

2 將地瓜泥塗抹在吐司上，撒上黑芝麻，放進小烤箱烤4～5分鐘。依個人喜好淋上蜂蜜。

變化款

步驟1完成後，將地瓜泥分成4等分，每份都揉成圓形，放入烘焙鋁箔杯中。將1/2個蛋黃和1/2小匙牛奶拌勻，抹在地瓜球表面，撒上黑芝麻，放進小烤箱烤5分鐘。

配菜

奶油和起司完美襯托地瓜的甜味

風琴起司地瓜

時間25分鐘

材料(2人份)

- 地瓜……1條(400g)
- 奶油……15g
- 鹽……少許
- 起司……50g
- 橄欖油……適量
- 黑胡椒粉……少許

作法

1. 用沾濕的廚房紙巾將洗淨的地瓜包起來，放入耐熱容器中，蓋上保鮮膜，微波加熱3分鐘，取出上下翻面，再加熱3分鐘。取出，間隔5毫米切一刀，但不要切斷，**下方留1公分**。
2. 耐熱容器內側抹上橄欖油，將微波好的地瓜放入，整顆塗抹上奶油、撒上鹽巴，切開的地方夾入起司。放進小烤箱烤8分鐘，烤到起司焦黃再撒上黑胡椒粉。

黃芥末籽醬豐富沙拉口感

炸地瓜沙拉

時間15分鐘

材料(2人份)

- 地瓜……1/3條(130g)
- 鹽……少許
- 萵苣、貝比生菜……150g
- 喜歡的起司……20g
- 沙拉油……適量
- A 橄欖油……1大匙
  - 美乃滋……1大匙
  - 醋……2小匙
  - 黃芥末籽醬……1小匙
  - 鹽、胡椒、砂糖……各少許

作法

1. 地瓜洗淨切0.5公分厚，泡一下水，**再拿廚房紙巾將地瓜表面的水分完全擦乾**。
2. 平底鍋中多倒一些油進去，開中火加熱，放入地瓜炸4分鐘，**炸到酥脆**。瀝油、撒上鹽。
3. 將萵苣、貝比生菜手撕成好入口的大小後，和切成一口大小的起司、地瓜一起盛入盤中，淋上拌勻的**A**即完成。

料多多味噌湯

地瓜甜不辣芝麻味噌湯

時間20分鐘　冷凍蔬菜OK

材料(2人份)

- 地瓜……小的1/2條(150g)
- 青蔥……1/4根
- 甜不辣……1片
- 高湯……350ml
- A 味噌……1又2/3大匙
  - 白芝麻……1大匙
- 白芝麻……依喜好適量添加

作法

1. 地瓜洗淨切1公分厚的銀杏葉狀，泡水5分鐘。青蔥斜切。甜不辣切0.8公分寬。
2. 將高湯倒入鍋中，放入地瓜、甜不辣、青蔥，開中火煮滾，煮滾後轉小火，蓋上蓋子，再煮8分鐘，煮到地瓜變軟。
3. 將**A**放入鍋中，等味噌溶解、煮滾後關火。盛入碗中，依個人喜好再撒一點白芝麻。

滿滿的膳食纖維！
地瓜丁羊栖菜綜合豆沙拉

時間15分鐘 | 冷藏2～3日 | 冷凍蔬菜OK

材料（2人份，2人份）

- 地瓜……½條（200g）
- 綜合豆……50g
- 水煮羊栖菜……30g
- A
  - 橄欖油……1又½大匙
  - 醬油……1小匙
  - 醋……2小匙
  - 鹽、胡椒……各少許

作法

1. 地瓜洗淨切1公分塊狀，泡一下水，瀝乾水分。放入冷水中，開中火煮5分鐘，煮到能用竹籤刺透的程度，取出放在濾網上。
2. 將地瓜、綜合豆、水煮羊栖菜和A一起拌勻即可。

海苔香氣撲鼻而來
地瓜拌海苔奶油

時間15分鐘 | 冷藏2～3日 | 冷凍蔬菜OK

材料（2人份）

- 地瓜……1條（400g）
- A
  - 奶油……10g
  - 海苔粉……1小匙
  - 鹽……少許

作法

1. 地瓜洗淨切1公分厚的銀杏葉狀，泡一下水，瀝乾水分。放入冷水中，開中火煮8分鐘，煮到能用竹籤刺透的程度，取出放在濾網上。
2. **趁地瓜還有餘溫**的時候和A一起拌勻即可。

甜滋滋就是正義！
肉桂蜜糖地瓜條

時間15分鐘 | 冷藏2～3日

材料（2人份）

- 地瓜……1條（400g）
- 油炸用油……適量
- A
  - 砂糖……3又½大匙
  - 水……1大匙
  - 鹽……少許
- 肉桂粉……少許

作法

1. 地瓜洗淨切0.5公分寬的條狀，泡水5分鐘，取出，拿廚房紙巾將水完全擦乾。
2. 將油倒入平底鍋中約1公分高度的量，開中火加熱2分鐘，接著放入地瓜炸，邊炸邊偶爾攪拌，**炸到酥脆**。
3. 另外準備一個平底鍋或小鍋子，加入A，開中火加熱，**當出現大泡泡時**，加入炸到酥脆的地瓜，讓地瓜均勻裹上A。關火、撒上肉桂粉，接著倒入烘焙紙上，放涼。

芋頭

- **產季**／秋季
- **重要營養成分**／鉀、膳食纖維
- **食用效果**／預防高血壓和慢性病、整腸

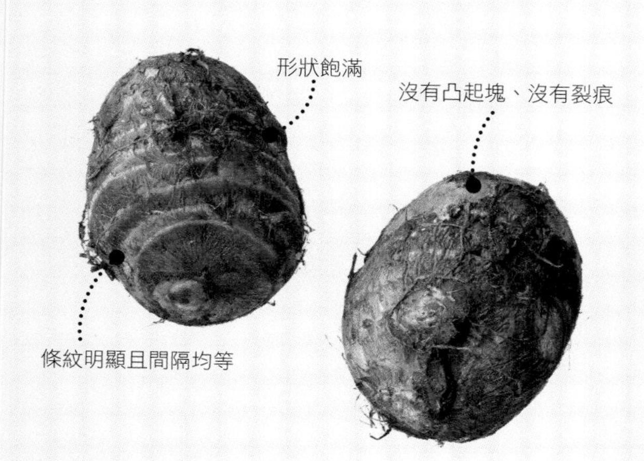

微波加熱後使用，用途更廣！

芋頭的魅力在於不只可用煮、烤、炸的方式料理，而且一口咬下，嘴裡那暖呼呼、綿綿鬆鬆的口感，令人著迷。想大量用掉芋頭時，終極方法就是**先微波加熱再烹調**。這麼一來，不僅能減少烹煮時間，還能活用在各種料理中。

原來芋頭可以有這麼多料理變化！

3個

➡ p149

➡ p149

➡ p151

➡ p152

➡ p152

➡ p152

➡ p153

➡ p154

➡ p154

➡ p154

2個

➡ p151

小的8個

➡ p148

➡ p153

➡ p153

小的4個

➡ p150

保存方法

常溫 約**1**個月

由於芋頭怕冷也不耐乾燥，常溫保存時，請先在紙箱底部鋪一層報紙，再放進芋頭，芋頭上面再蓋一層報紙，放在陰涼處保存。

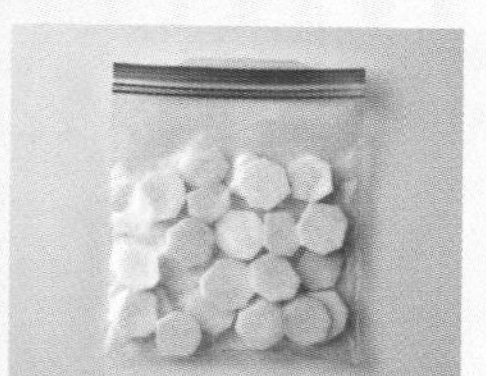

冷凍 **2～4**週

先削皮，再切圓片，放入冷凍用保鮮袋後，再放進冰箱冷凍保存。或是先汆燙過，但不要燙到軟，放入冷凍用保鮮袋，再放進冰箱冷凍保存。冷凍後的芋頭用在燉煮料理時，可以直接使用，不需解凍。

主菜

雞肉的香氣都滲透進芋頭裡了

燉煮芋頭雞翅

時間35分鐘 冷藏2～3日 冷凍蔬菜OK

材料(2人份)

芋頭……………… **小的8個(250g)**
雞翅……………………………6隻
薑(切絲)…………………… ½片
芝麻油………………………1小匙
A 高湯…………………………¾杯
醬油……………………1又⅓大匙
料理酒…………………………1大匙
味醂……………………………1大匙
砂糖……………………………1大匙
青蔥(切蔥花)…………………適量

作法

1. 芋頭削皮後先抓一下鹽(材料表以外),再洗去黏液,瀝乾水分。雞翅**用叉子先刺幾個洞**。
2. 芝麻油倒入鍋中,開中火加熱,將雞翅皮朝下放入鍋中,煎4分鐘。
3. 將芋頭、薑絲、A放入鍋中,煮滾後轉小火,蓋上蓋子,煮20分鐘。煮到芋頭變軟。**直接放冷**,好讓味道滲透進食材中。盛盤,撒上蔥花

重口味!肉好嫩!

配飯、下酒、帶便當都行！

香煎芋頭豬肉卷

時間20分鐘　冷凍蔬菜OK

材料（2人份）

- 芋頭……小的3個（250g）
- 豬五花薄片……150g
- 低筋麵粉……適量
- 沙拉油……1小匙
- A 醬油……1大匙
  - 料理酒……1大匙
  - 味醂……1大匙
  - 砂糖……½小匙
  - 薑（磨泥）……½小匙

作法

1. 芋頭洗淨、削皮，縱切4等分，放入耐熱容器中，蓋上保鮮膜，微波加熱2分鐘。上下翻面，再微波2分鐘。放涼。
2. 將豬肉片斜著捲起芋頭，捲到最後用手壓緊固定，撒上低筋麵粉。
3. 將油倒入平底鍋中，開中火加熱，**將豬肉卷的收口朝下**放入鍋中，煎到肉呈焦黃色。拿廚房紙巾吸去多餘的油，再加入A拌炒即完成。

奶油、醬油，加上美乃滋！可惡～好罪惡

醬燒芋頭里肌肉

時間20分鐘　冷凍蔬菜OK

材料（2人份）

- 芋頭……小的3個（250g）
- 豬肩里肌薄片……150g
- 橄欖油……1小匙
- A 醬油……1大匙
  - 奶油……5g
  - 高湯粉……½小匙
- 美乃滋……適量
- 青蔥（切蔥花）……適量

作法

1. 芋頭先削皮，再切0.5公分薄片，抓鹽（材料表以外）後洗去鹽分和黏液，瀝乾水分。豬肉切4公分寬。
2. 將橄欖油倒入平底鍋中，開中火加熱，放入芋頭，蓋上蓋子煎7分鐘。邊煎邊上下翻面。
3. **擦掉鍋中多餘的油**，加入A拌炒。盛盤，擠上美乃滋、撒上蔥花即可。

推薦搭配蒜泥美乃滋享用！

主菜

酥炸鯖魚芋丸

時間20分鐘

材料(2～3人份)

芋頭……………**小的4個(150g)**
鯖魚……………⅓片
鹽……………少許
A 醬油……………1大匙
料理酒……………1大匙
薑(磨泥)……………1小匙
太白粉、油炸用油……………適量

B 美乃滋……………2大匙
荷蘭芹(切末)……………1小匙
蒜頭(切末)……………½小匙
檸檬(切月牙形)……………適量

作法

1 小芋頭先削皮，再縱切2～4等分。鯖魚先剔除魚骨，再切3公分寬，抹鹽，拿廚房紙巾擦去鹽水。

2 將**A**放入塑膠袋中，再放入小芋頭、鯖魚，稍微搓揉一下。撒上太白粉。

3 鍋中倒入油，將油加熱到170℃，放入小芋頭炸5分鐘，鯖魚炸4分鐘。盛盤，食用時可搭配拌勻的**B**、檸檬。

配菜

喝一口，全身都暖和起來

芋頭肉末湯

時間25分鐘　冷凍蔬菜OK

材料(2人份)

芋頭…………**小的1個(170g)**
青蔥(切細蔥花)…………$\frac{1}{4}$根
豬絞肉…………70g
冬粉…………15g
A 水…………2又$\frac{1}{4}$杯
料理酒…………1大匙
雞粉…………2小匙
蒜頭(磨泥)…………$\frac{1}{2}$小匙
B 醬油…………$\frac{2}{3}$小匙
芝麻油…………$\frac{1}{2}$小匙
胡椒…………少許

作法

1 芋頭先削皮，再切0.8公分厚的半月形，抓鹽（材料表以外）後，洗去鹽分和黏液，瀝乾水分。

2 在鍋中放入芋頭、**A**、蔥花，開中火煮滾，煮滾後蓋上蓋子，轉小火煮15分鐘，煮到芋頭變軟。**煮的時候如果有浮渣要撈掉**。

3 放入冬粉拌一下，加入**B**煮2分鐘。盛入碗中，可以依個人喜好添加一點辣油（材料表以外）。

主食

來碗豪華蒸飯

芋頭羊栖菜鮭魚蒸飯

時間60分鐘　冷凍蔬菜OK

材料(3～4人份，2人份)

芋頭…**2～3個(170～250g)**
米…………2量米杯(360ml)
薄鹽鮭魚…………2片
羊栖菜(乾燥)…………5g
薑(切絲)…………$\frac{1}{2}$片
A 醬油…………少於2大匙
料理酒…………1大匙

作法

1 米洗淨，放入電鍋，倒入2量米杯的水，靜置30分鐘以上，好讓米吸水。

2 芋頭去皮切1公分厚的圓片。羊栖菜洗淨，泡水15分鐘，瀝乾水分。

3 將米的水倒掉3大匙，加入**A**拌勻，接著依序放入薑絲、羊栖菜、芋頭、鮭魚，按一般煮飯模式烹煮。煮好後，去除鮭魚皮和魚刺，大致攪拌一下即完成。

變化款
可用100g的雞絞肉取代鮭魚，也很好吃喔！

配菜

吃的時候再剝皮就好

芋頭培根口袋比薩

時間20分鐘 | 冷凍蔬菜OK

材料（2人份）

- 芋頭……………小的3個（250g）
- 培根……………$\frac{1}{2}$片
- 番茄醬……………2大匙
- 起司……………60g
- 粗黑胡椒粉……………適量

作法

1. 芋頭洗乾淨後，不需擦乾，直接一個一個用保鮮膜包起來，微波加熱4分鐘，取出上下翻面，再微波3～4分鐘。帶皮橫剖對半。
2. 培根切0.5公分寬。
3. 將芋頭放入耐熱容器中，上面依序放上番茄醬、起司絲、培根，接著放進小烤箱烤5分鐘，烤到起司融化。撒上黑胡椒粉。

脆脆綿綿的！品嘗不同的口感

麵味露煮芋頭水菜

時間15分鐘 | 冷凍蔬菜OK

材料（2～3人份，2人份）

- 芋頭……………小的3個（250g）
- 水菜（切4公分段）……………1株
- 麵味露……………1杯
- 柴魚片……………適量

作法

1. 芋頭先削皮，再切1公分厚的圓片，抓鹽（材料表以外）後再洗去鹽分和黏液，瀝乾水分。
2. 將芋頭、麵味露放入鍋中，開中火煮滾，煮滾後蓋上蓋子，轉小火煮10分鐘，煮到芋頭變軟。
3. 將水菜放入鍋中，轉中火煮1分鐘，水菜變軟即可關火。盛入碗中，撒上柴魚片。

將芋頭煎得綿綿的，做成和風煎餅

香煎芋頭櫻花蝦餅

時間20分鐘 | 冷凍2週 | 冷藏3～4日 | 冷凍蔬菜OK

材料（2人份）

- 芋頭……………小的3個（250g）
- A
  - 櫻花蝦……………3g
  - 青蔥（切蔥花）……………1大匙
  - 太白粉……………$\frac{1}{2}$大匙
  - 味噌……………1小匙
- 沙拉油……………1小匙
- B
  - 料理酒……………1大匙
  - 醬油……………$\frac{1}{2}$大匙
  - 砂糖……………$\frac{2}{3}$小匙

作法

1. 芋頭洗乾淨後，不需擦乾，直接一個一個用保鮮膜包起來，微波加熱4分鐘，取出上下翻面，再微波3～4分鐘。**趁熱**剝皮、搗碎。
2. 將芋頭和**A**拌勻，捏成小圓形。
3. 將油倒入平底鍋中，開中火加熱，放入芋頭櫻花蝦餅，煎到兩面都呈現金黃色就可以盛盤。
4. 將**B**倒入平底鍋中，開中火煮滾，煮滾後淋在煎餅上。

芋頭與花枝的鮮味交織在一起

醬燒芋頭花枝

時間30分鐘 | 冷藏2～3日 | 冷凍蔬菜OK

材料(2人份)

芋頭……………… **小的8個(250g)**
烏賊……………………………1隻
沙拉油 ………………………1小匙
A 高湯……………………………1杯
醬油………………… 1又1/3大匙
料理酒 ……………………1大匙
味醂…………………………1大匙
砂糖…………………………1大匙
薑(切絲)…………………1/2片

作法

1 芋頭削皮，抓鹽（材料表以外）後洗去鹽分和黏液，瀝乾水分。烏賊去除內臟和軟骨，身體部分切圓圈狀，觸鬚切成容易入口的長度。

2 將油倒入鍋中加熱，放入小芋頭炒1分鐘，接著加入**A**煮滾，煮滾後放入烏賊。轉小火，蓋上蓋子，煮3分鐘。3分鐘後**把烏賊取出**，繼續煮15分鐘。放入剛才取出的烏賊，關火。**直接放涼**。

軟綿綿的美味

燒煮芋頭湯

時間30分鐘 | 冷藏2～3日 | 冷凍蔬菜OK

材料(2人份,2人份)

芋頭……………… **小的8個(250g)**
A 高湯………………………1又1/2杯
味醂、料理酒……… 各1大匙
砂糖…………………………2小匙
醬油………………………1/2小匙
鹽 …………………………1/3小匙

作法

1 芋頭削皮，抓鹽（材料表以外）後再洗去鹽分和黏液，再瀝乾水分。

2 將芋頭和**A**放入鍋中，開中火煮滾，煮滾後轉小火，**蓋上落蓋**，煮20分鐘，煮到芋頭變軟。關火，直接放涼。

*「落蓋」指燉煮時壓在食材上的小鍋蓋，也可以用烘焙紙剪成略小於鍋子的圓形來取代，可加速食材入味。

濃郁的芋頭香氣與軟綿口感

芋頭濃湯

時間30分鐘 | 冷凍2週 | 冷藏2日 | 冷凍蔬菜OK

材料(2人份)

芋頭……………… **小的3個(250g)**
A 洋蔥(切薄片)……………1/4顆
奶油……………………………10g
B 水 …………………………150ml
高湯塊 ………………………1塊
牛奶……………………………180ml
鹽、胡椒……………………各少許
麵包丁(享用時再加)……… 適量

作法

1 芋頭先削皮，再切8毫米厚的圓片，抓鹽（材料表以外）後再洗去鹽分和黏液，瀝乾水分。

2 將**A**放入鍋中，開中火炒3分鐘，接著放入芋頭炒2分鐘。加入**B**煮滾，煮滾後轉小火，蓋上蓋子，煮15分鐘後關火。

3 稍微涼了之後，放進食物調理器攪打，打好後倒回鍋中，加入牛奶拌勻，**開小火煮，一滾就關火**。最後再以鹽、胡椒調味，食用前加入麵包丁。

爽口的和風沙拉

芋頭涼拌醃梅乾

時間15分鐘 | 冷藏2～3日 | 冷凍蔬菜OK

材料(2人份)

芋頭……………… **小的3個(250g)**
茗荷(日本生薑)…………………1個
醃梅乾………………………………2個
A 柴魚片……………………………3g
　水…………………………1小匙
　醬油……………………… 1/2小匙

作法

1 芋頭洗乾淨後，不需擦乾，直接一個一個用保鮮膜包起來，微波加熱5分鐘，取出，上下翻面，再微波4～5分鐘。趁熱剝皮、每顆都切成6～8等分。

2 醃梅乾去籽，切粗末。茗荷切細絲，泡一下水，瀝乾水分。

3 將小芋頭、醃梅乾、茗荷和**A**一起拌勻即可。

鮪魚的鹹與小芋頭的綿，超搭！

芋頭鮪魚沙拉

時間15分鐘 | 冷藏2～3日 | 冷凍蔬菜OK

材料(2人份)

芋頭……………… **小的3個(250g)**
鮪魚罐頭………………2/3罐(50g)
A 美乃滋……………1又1/2大匙
　醋…………………………1小匙
　鹽……………………………少許
　胡椒…………………………少許

作法

1 芋頭洗乾淨後，不需擦乾，直接一個一個用保鮮膜包起來，微波加熱5分鐘，取出上下翻面，再微波4～5分鐘。趁熱剝皮後，拿叉子搗碎，但不要太碎，要保留一點塊狀。

2 將芋頭、瀝掉油的鮪魚和**A**一起拌勻即完成。

POINT
撒上手撕的青紫蘇或海苔絲也好吃。

意外美味的組合！

芋頭拌芝麻味噌

時間15分鐘 | 冷藏2～3日 | 冷凍蔬菜OK

材料(2人份)

芋頭……………… **小的3個(250g)**
火鍋料魚板…………………… 一片
A 白芝麻醬……………… 1大匙
　味噌…………………………1小匙
　水……………………………1小匙
　醬油、砂糖………… 各1/2小匙

作法

1 芋頭洗乾淨後，不需擦乾，直接一個一個用保鮮膜包起來，微波加熱5分鐘，取出上下翻面，再微波4～5分鐘。趁熱剝皮、每顆切成6～8等分。

2 魚板切成0.5公分厚的銀杏葉狀。

3 將芋頭、魚板和拌勻的**A**一起拌勻即完成。

菇類

- **產季**／秋季
- **重要營養成分**／鉀、膳食纖維、維生素B_1（金針菇）、維生素B_2（香菇）、維生素D（鴻喜菇）、蛋白質（蘑菇）
- **食用功效**／調節身體功能、提升免疫力、降低膽固醇

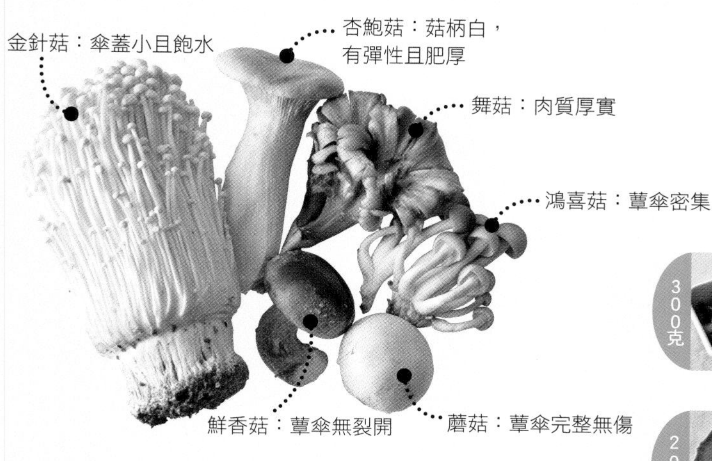

可直接使用！切了和其他食材一起煮也行！

菇類買回家立刻就能烹調，相當方便。**鮮香菇、蘑菇可直接用、不需切**；金針菇、舞菇等菇類，**切了再和絞肉等一起烹調**，就能大量用掉。後面也會提供大家**將菇類混合使用**的料理方法。

保存方法

冷藏　約1週（未拆封）

尚未拆封時，可以直接放進冰箱冷藏。如果是用剩下的菇類，要先拿廚房紙巾連同根部一起包起，再放進冰箱冷藏保存。不過，用廚房紙巾包起的菇類只能放2～3天，務必儘快食用完畢。

冷凍　約2週

一般來說，將菇類切掉根部、撕開後再放進冷凍用保鮮袋，就可以冷凍保存了。若是香菇、蘑菇，則需要先切成薄片，再放進保鮮袋冷凍保存。也可以將各種菇類放在同一袋，作成「冷凍綜合菇」，要用的時候不需解凍，直接烹調即可。

原來菇類能有這麼多料理變化！

300克

➡ p162

➡ p162

200克
➡ p157

180克

➡ p156

160克

➡ p160

140克

➡ p159

120克

➡ p157
➡ p158
➡ p160

110克

➡ p162

100克
➡ p161

90克

➡ p159

70克

➡ p160

60克

➡ p161

50克

➡ p161

主菜

所有的菇都吸飽了湯汁！美味爆擊味蕾！

菇菇牛肉壽喜燒

時間20分鐘　冷凍蔬菜OK

材料（2人份）

金針菇……………………**1包（100g）**
舞菇………………………1包（80g）
青蔥…………………………………1根
木棉豆腐……………2/3塊（200g）
牛里肌薄片………………………160g

A
高湯…………………………1/4杯
醬油………………2又1/2大匙
料理酒…………………2大匙
味醂…………………………1大匙
砂糖…………………………1大匙
薑（磨泥）…………………1/2小匙

作法

1 食材洗淨。金針菇切掉根部，舞菇撥散。青蔥斜切。豆腐切3公分塊狀。

2 將A放入平底鍋中，開中火煮滾，煮滾後**放入金針菇以外的食材**，煮5分鐘。5分鐘後放入金針菇，再煮滾一次。接著轉小火，蓋上蓋子，繼續煮6分鐘，煮到青蔥變軟。

3 鍋中撥出一點空間，**將牛肉一片一片地放入**，煮3～4分鐘，煮到肉變色。盛盤，依喜好撒上七味粉（材料表以外）。

主菜

用美乃滋柚子醋醬油調味！

什錦菇炒里肌肉片

時間15分鐘 | 冷凍蔬菜OK

材料(2人份)

菇類(鴻喜菇，香菇、杏鮑菇等喜歡吃的菇類)……200g
豬里肌薄片……150g
沙拉油……$\frac{1}{2}$大匙
A 美乃滋……1又$\frac{1}{2}$大匙
　柚子醋醬油‥1又$\frac{1}{2}$大匙
青蔥(切蔥花)…依喜好添加

作法

1 切掉所有菇類的根部後撥散，或是再切成容易入口的大小。豬肉切5公分寬。

2 將油倒入平底鍋中，開中火加熱，放入所有菇類炒6分鐘，炒到所有食材都熟了。**要是菇出水了，就拿廚房紙巾吸乾**。

3 將A加入平底鍋中拌炒。盛盤，最後撒上蔥花。

主菜

可以拌義大利麵或做成焗烤料理等

雙菇肉醬

時間30分鐘 | 冷凍2週 | 冷藏2～3日 | 冷凍蔬菜OK

材料(2～3人份)

磨菇……4個(40g)
舞菇……1包(80g)
牛豬絞肉……200g
蒜頭……1瓣
洋蔥……$\frac{1}{8}$顆
橄欖油……1大匙
A 水煮番茄罐頭……2又$\frac{1}{2}$杯
　水……3大匙
　紅葡萄酒(有的話)…2大匙
　鹽……$\frac{2}{3}$小匙
　粗黑胡椒粉……少許
起司粉……1又$\frac{1}{2}$大匙

作法

1 食材洗淨。將兩種菇、蒜頭、洋蔥，各都切末。

2 絞肉放入鍋中，開中火炒，**油脂出來後，拿廚房紙巾擦乾**。

3 將橄欖油、菇類、蒜頭、洋蔥放入鍋中炒3分鐘，**待食材全都沾裹上油**再放入A，煮滾。煮滾後蓋上蓋子，轉小火煮20分鐘。關火，撒上起司粉拌勻。

沾了麵衣仍然可以冷凍保存的一道料理

主菜

酥炸香菇鑲肉

時間20分鐘　冷凍2週

材料(2人份)

香菇 ……………… 8朵(120g)

A
- 豬絞肉 ……………… 150g
- 洋蔥(切末) ……………… 2大匙
- 鹽 ……………… 1/6小匙
- 胡椒 ……………… 少許

低筋麵粉、蛋液、麵包粉 …… 適量

油炸用油 ……………… 適量

中濃醬、檸檬 ……………… 各適量

作法

1. 切掉香菇的菇柄，**在菇傘內側抹上低筋麵粉**。將A拌勻，均勻地放入菇傘中。
2. 將香菇均勻裹上低筋麵粉、蛋液、麵包粉。
3. 將香菇放入加熱到170℃的油中，炸5分鐘。盛盤，搭配中濃醬、檸檬享用。

變化款

在1的步驟之後，薄薄地撒上低筋麵粉，用平底鍋煎也OK。或是放入醬油、砂糖、味醂等調味料一起燉煮也好吃。

120克

多汁鮮甜的香菇

主食

口口都是菇的鮮甜滋味

鴻喜菇舞菇雞肉蒸飯

時間60分鐘 | 冷凍2週 | 冷凍蔬菜OK

材料（3～4人份）

- 鴻喜菇……………**½包（50g）**
- 舞菇……………½包（40g）
- 米……………2量米杯
- 雞胸絞肉……………80g
- 胡蘿蔔……………¼根
- 薑……………⅓片
- A
  - 醬油……………2大匙
  - 料理酒……………1大匙
  - 芝麻油……………½小匙

作法

1. 米洗淨，放入電鍋，倒入2量米杯的水，靜置30分鐘以上，好讓米吸水。
2. 切掉菇的根部、撥散。薑切絲。胡蘿蔔切成2公分長的條狀。
3. **將1的水倒掉3大匙**，加入A拌勻，接著放入2、撥鬆的雞絞肉，放入電鍋，按一般煮飯模式烹煮。煮好後，稍微攪拌一下即完成。

配飯或通心粉都行

綜合菇燴牛肉

時間30分鐘 | 冷凍2週 | 冷藏2～3日 | 冷凍蔬菜OK

材料（2人份）

- 磨菇……………**4個（40g）**
- 鴻喜菇……………**1包（100g）**
- 牛肉絲……………160g
- 洋蔥（切薄片）……………⅓顆
- 蒜頭（切末）……………1瓣
- 奶油……………10g
- A
  - 多明格拉斯醬……………½罐（150g）
  - 水煮番茄罐頭……………⅓杯
  - 水……………¼杯
  - 紅葡萄酒……………2大匙
  - 醬油……………1小匙
  - 高湯粉……………½小匙

作法

1. 蘑菇切薄片。鴻喜菇切掉根部、撥散。牛肉切4公分寬備用。
2. 將奶油、洋蔥、胡蘿蔔放入鍋中，開中火炒4分鐘。接著再放入蘑菇、鴻喜菇炒3分鐘。
3. 將A、鹽、胡椒（材料表以外）放入鍋中煮滾，煮滾後蓋上蓋子，轉小火煮15分鐘，邊煮邊攪拌。

配菜

愛上杏鮑菇脆脆的口感

烤美乃滋杏鮑菇

時間15分鐘

材料(2人份)

杏鮑菇……………………3根(120g)
味噌………………………………2小匙
美乃滋……………………………1大匙

作法

1. 杏鮑菇縱切成0.8公分厚的片狀，排放在鋁箔紙上。
2. **依序將味噌、美乃滋**抹在杏鮑菇上面。
3. 將杏鮑菇放進小烤箱烤7分鐘，烤到美乃滋出現焦黃色。

變化款

用番茄醬取代味噌，撒上綜合義大利香料，立刻成了西式風味的料理。

配菜

要吃的時候再撒一點起司粉，超香

香煎蘑菇杏鮑菇沙拉

時間20分鐘　冷凍蔬菜OK

材料(2人份)

蘑菇………………………4個(40g)
杏鮑菇……………………3根(120g)
貝比生菜、萵苣等……………80g
橄欖油……………………………1大匙
鹽、粗黑胡椒粉……………各適量
A 洋蔥(磨泥)………1又1/2大匙
　橄欖油、醋……………各1大匙
　醬油、砂糖…………各1/2小匙
　鹽…………………………1/6小匙

作法

1. 先切掉蘑菇的菇柄，再切對半。杏鮑菇縱切4～8等分。橄欖油倒入平底鍋中，開中火加熱，放入蘑菇和杏鮑菇煎，**邊煎邊上下翻面**。撒上鹽、黑胡椒。
2. 蔬菜手撕容易入口的大小，泡一下冷水，瀝乾水分，盛盤底。
3. 將煎過的蘑菇、杏鮑菇放入盤中，淋上拌勻的**A**。

配菜

芥末醬讓味蕾一新

金針菇芥末風味湯

時間20分鐘　冷凍蔬菜OK

材料(2人份)

金針菇…………………2/3包(70g)
蛋…………………………………1個
A 高湯…………………………350ml
　醬油……………………………1小匙
　薑(磨泥)………………1/2小匙
芥末醬…………………………1/4小匙

作法

1. 先切掉金針菇的根部，再切對半。打蛋，將蛋液拌勻。
2. 將**A**倒入鍋中，開中火煮滾，煮滾後加入金針菇，再煮3分鐘。
3. 將蛋液以繞圈的方式倒入鍋中，待鬆軟的蛋花浮起，稍微拌一下就可關火。盛入碗中，依個人喜好添加芥末醬。

配菜

也可加入其他菇類或蝦子、章魚，都行！

橄欖油蒜味蘑菇

時間15分鐘

材料(2人份)

蘑菇……8～10個(80～100g)
蒜頭……1瓣
A 橄欖油……1/3杯
鹽……2/3小匙
辣椒(去籽)……1/2根
粗黑胡椒粉……少許
荷蘭芹(切末)……適量

作法

1 切掉蘑菇的菇柄，如果覺得太大顆不好入口，就再切對半。蒜頭切末。

2 拿小的平底鍋或一般鍋子，放入蒜末和A，開小火爆香，**待香味出來**，放入蘑菇拌炒8分鐘，邊炒邊翻面。撒上荷蘭芹末。

常備菜

內外都美味的小福袋！

豆皮包香菇雞肉

時間20分鐘　冷凍2週　冷藏2～3日　冷凍蔬菜OK

材料(2人份；4個)

香菇……4朵(60g)
油炸豆皮……2片
雞絞肉……100g
薑(磨泥)……1/3小匙
A 麵味露(2倍濃縮)……1/4杯
水……1/4杯

作法

1 **拿一根筷子在豆皮上滾一遍後，將豆皮切對半、打開**。澆上熱水，再泡一下冷水降溫，稍微擰去水分。

2 將香菇的柄切掉，再切成0.8公分的丁狀，接著和雞絞肉、薑泥一起拌勻，摔出黏性後，分成4等分，接著塞入豆皮中，將切口往下折，再拿牙籤封口，完成小福袋的形狀。

3 將A倒入耐熱容器中，再放入小福袋，蓋上保鮮膜，微波加熱5分鐘，**微波過程中要上下翻面一次**。

常備菜

推薦沾醬油或黃芥末享用！

金針菇燒賣

時間30分鐘　冷凍2週　冷藏2～3日　冷凍蔬菜OK

材料(2人份；12個)

金針菇……1/2包(50g)
豬絞肉……200g
A 太白粉……1/2大匙
醬油……2小匙
芝麻油……1/2小匙
鹽……1撮
燒賣皮……12張

作法

1 先將金針菇的根部切掉，再切成粗末。將絞肉、金針菇、A放入碗中拌勻後，摔出黏性。手搓成12顆丸子。

2 用燒賣皮將一個個丸子包起。

3 在已有蒸氣出來的蒸籠中鋪一張烘焙紙，放入燒賣，大火蒸12分鐘即可取出。

常備菜

超開胃的快速料理

醬油漬綜合菇

時間10分鐘 冷凍2週 冷藏3～4日 冷凍蔬菜OK

材料（2人份）

喜歡吃的菇類（舞菇、鴻喜菇、杏鮑菇等）……300g

A 醬油……1又1/2大匙
味醂……2小匙
芝麻油……1小匙
辣椒（切圓片）……1撮

作法

1 切掉鴻禧菇的根部、撥散。舞菇也要撥散。杏鮑菇先切對半，再縱切4～6等分。

2 所有的菇類放入耐熱容器中，蓋上保鮮膜，微波加熱4分鐘後取出。

3 **瀝掉水分**，再將菇類放入A中醃漬即可。

常備菜

芝麻的香和醋的酸味融合的剛剛好！

芝麻醋漬菇菇竹輪

時間15分鐘 冷藏2～3日

材料（2人份）

香菇……**4朵（60g）**
鴻喜菇……**1/2包（50g）**
新鮮竹輪……1/2根

A 白芝麻仁……1又1/2大匙
醋……1/2大匙
砂糖……1/2大匙
醬油……1/2小匙
鹽……少許

作法

1 先切掉香菇的柄，再切成0.5公分寬。切掉鴻喜菇的根部、撥散。將香菇、鴻喜菇放在鋁箔紙上，放進小烤箱烤5分鐘，烤到菇變軟盛盤備用。

2 竹輪切5毫米寬。

3 將香菇、鴻喜菇、竹輪和A一起拌勻。

常備菜

刺激食慾的咖哩香氣

蒜香咖哩風味綜合菇

時間10分鐘 冷凍2週 冷藏2～3日 冷凍蔬菜OK

材料（2人份）

喜歡吃的菇類（杏鮑菇、鴻喜菇、舞菇等）……300g
蒜頭……1瓣
奶油……10g

A 奶油……3g
鹽……1/3小匙
咖哩粉……1/3小匙

作法

1 所有菇都切容易入口的大小，或是手撕容易入口的大小。蒜頭切末備用。

2 奶油放入平底鍋中，開中火加熱，加入所有菇類和蒜末，煎6分鐘，煎到菇呈淡咖啡色且變軟。**如果菇菇出水，就拿廚房紙巾吸乾**。

3 將A放入鍋中調味。

豆芽菜

- 產季／全年
- 重要營養成分／鉀、維生素C、膳食纖維
- 食用功效／降低血中膽固醇、預防動脈硬化、整腸

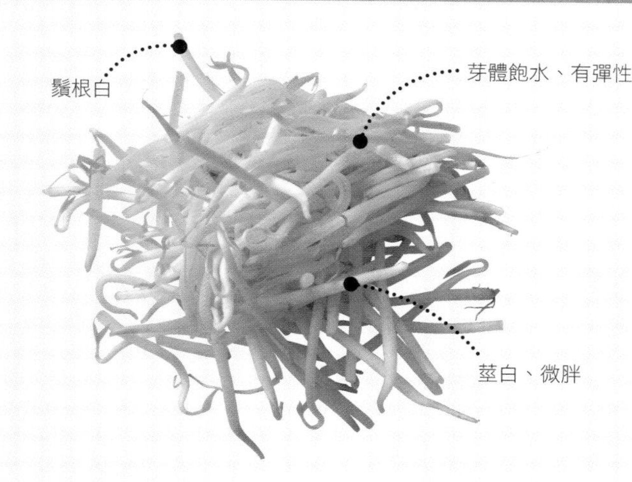

原來豆芽菜能有這麼多料理變化！

1包

➡ p164

➡ p165

➡ p166

➡ p167

➡ p167

➡ p168

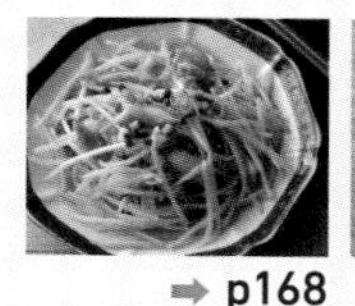
➡ p168

➡ p169

➡ p170

➡ p170

➡ p170

1/2包

➡ p165

➡ p168

➡ p169

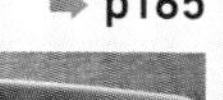

➡ p169

適合各種烹調方式，能自由變化菜色

豆芽菜是價格較低廉，且能廣泛運用的高CP值蔬菜。只要將料理中的蔬菜換成豆芽菜，分量在視覺上立刻增加許多！而且豆芽菜**適合各種烹調方式，可以是主角也可以作為配角**，立刻試試用豆芽菜入菜吧！

保存方法

冷藏 約**1**週

買回家後，直接連包裝一起放進冰箱冷藏保存。沒用完的豆芽菜，要放進保鮮袋中密封冷藏保存，並儘早使用完畢。

冷凍 約**1**個月

拆封後沒用完的豆芽菜，要先洗淨、瀝乾水分，放進冷凍用保鮮袋冷凍保存；若是還沒拆開包裝的，就連同包裝一起放進冰箱冷凍保存。冷凍的豆芽菜可直接用來煮湯，或是微波解凍後再用都行。

主菜

加入各種白色食材，暖呼呼入口

蔥燒奶油豆芽雞腿肉

時間20分鐘　冷凍蔬菜OK

材料（2人份）

豆芽菜……1包（200g）
去骨雞腿肉……1隻
青蔥（斜切薄片）……1/3根
鹽、胡椒……各適量
低筋麵粉……1大匙
橄欖油……1/2大匙
A 牛奶、鮮奶油……各70ml
A 高湯粉……1小匙
A 鹽……少許
粗黑胡椒粉……適量

作法

1. 雞肉切5公分塊狀，多撒一些鹽、胡椒，接著撒上低筋麵粉。
2. 將橄欖油倒入平底鍋中，開中火加熱，將雞腿肉以**雞皮朝下**放入鍋中，青蔥放在鍋中剩餘的空間。蓋上蓋子，煎8分鐘，邊煎邊將雞腿肉上下翻面。
3. 將豆芽菜放入鍋中，炒2分鐘，接著放入A，輕輕拌炒3分鐘。盛盤，撒上粗黑胡椒粉。

1包

以豆芽菜
提高分量感

主菜

高人氣的韓式炒物

豆芽菜炒牛肉絲

時間15分鐘　冷凍蔬菜OK

材料（2人份）

- 豆芽菜……1包（200g）
- 牛里肌薄片……150g
- 韭菜……½把
- 芝麻油……½大匙
- A
  - 燒肉醬……2大匙
  - 韓國辣椒醬……½大匙
  - 太白粉……1小匙
  - 鹽……少許
- 辣椒絲（如果有）……適量

作法

1. 牛肉、韭菜洗淨，各切5公分長。
2. 將芝麻油倒入平底鍋中加熱，加入牛肉拌炒4分鐘，炒到肉變色。
3. 將豆芽菜、韭菜放入鍋中**快炒**，接著加入**A**拌炒均勻。盛盤，最後可以加一點辣椒絲點綴。

配菜

口感溫潤的中式湯品

豆芽菜豬肉丸子冬粉湯

時間20分鐘　冷凍蔬菜OK

材料（2人份）

- 豆芽菜……½包（100g）
- 冬粉……20g
- A
  - 豬絞肉……150g
  - 青蔥（切蔥花）‥5公分長的量
  - 薑（磨泥）……⅓小匙
  - 鹽、胡椒……各少許
- B
  - 水……2杯
  - 料理酒……1大匙
  - 雞粉、蠔油……各½大匙
  - 蒜頭（磨泥）……½小匙

作法

1. 將**A**拌勻，摔出黏性，做成一口大小的肉丸子。
2. 將**B**倒入鍋中，開中火煮滾，煮滾後放入肉丸子煮4分鐘。**如果有浮渣要撈掉**。將豆芽菜、冬粉放入鍋中，煮2分鐘。盛入碗中，加點辣油、青蔥（皆材料表以外）。

主菜

豆芽菜搭配紫蘇，讓炸春捲吃起來很爽口！

豆芽菜鮪魚春捲

時間20分鐘　冷凍蔬菜OK

材料（2人份；6個）

豆芽菜……………………**1包（200g）**
春捲皮……………………………6張
鮪魚罐頭…………………1罐（75g）
鹽……………………………………少許
青紫蘇……………………………6葉
A｜低筋麵粉…………1又½大匙
　｜水……………………………1小匙
油炸用油…………………………適量
醬油、醋、黃芥末醬………各適量

作法

1 先將豆芽菜在滾水中汆燙2分鐘，取出放在濾網上放涼、瀝乾水分。接著將豆芽菜、瀝掉油的鮪魚、鹽放入碗中拌勻備用，完成春捲裡的餡料。

2 拿一葉青紫蘇放在春捲皮上，上面再放上⅙分量的餡料，邊捲邊折。**捲到最後再用A沾在春捲皮邊緣，固定**。用同樣的方法做出另外5個春捲。

3 將春捲放入加熱到170℃油鍋中炸，炸到表面呈金黃色。盛盤，搭配醬油、醋、黃芥末醬。

POINT

春捲皮包餡料時，請將餡料放在靠近自己的春捲皮上，不要放在中間，接著從一側邊捲邊折就好。

主食

一半麵、一半豆芽菜！第一彈

奶油培根豆芽義大利麵

時間20分鐘　冷凍蔬菜OK

材料（2人份）

豆芽菜……………1包（200g）
義大利麵……………………100g
蒜頭……………………………1瓣
培根……………………………2片
橄欖油………………………1大匙
白葡萄酒……………………2大匙
A 蛋……………………………2個
　鮮奶油………………………1/3杯
　起司粉………2又1/2大匙
　高湯粉……………1/2小匙
　鹽、粗黑胡椒粉…各少許

作法

1 蒜頭切末。培根切1公分寬。

2 將橄欖油倒入平底鍋中，開中火加熱，加入蒜頭、培根、洗淨的豆芽菜拌炒3分鐘。接著倒入白葡萄酒，關火。將A放在大碗中拌勻。

3 煮一鍋滾水，加入少許鹽（材料表以外），再將義大利麵放入鍋中，煮的時間按義大利麵的包裝標示即可。

4 將拌炒過的蒜頭、培根、豆芽菜、煮好的義大利麵放入A中，**立刻攪拌均勻**。盛盤，依個人喜好撒上粗黑胡椒粉（材料表以外）。

主食

一半麵、一半豆芽菜！第二彈

拿坡里豆芽義大利麵

時間15分鐘　冷凍蔬菜OK

材料（2人份）

豆芽菜……………1包（200g）
義大利麵……………………100g
洋蔥（切薄片）……………1/4顆
維也納香腸（斜切）………4根
青椒（切4毫米圓片）……1顆
橄欖油……………1又1/2大匙
A 番茄醬………………………1/3杯
　伍特斯醬、高湯粉
　…………………………各1小匙
　鹽、胡椒……………各少許

作法

1 將一半量的橄欖油倒入平底鍋中，開中火加熱。放入洋蔥、維也納香腸拌炒3分鐘。接著加入豆芽菜、青椒，繼續炒2分鐘。倒入A拌勻，關火。

2 義大利麵放入加了鹽（材料表以外）的滾水煮，煮的時間按照義大利麵包裝標示，煮好後撈起放盤子上，並倒入剩下的橄欖油。

3 將義大利麵放入平底鍋中，開中火，和配料**快速拌炒30秒**。盛盤，撒上起司粉（材料表以外）。

主菜

也可拌飯！
豆芽菜滑蛋雞肉

時間10分鐘　冷凍蔬菜OK

材料(2人份)

- 豆芽菜……………………**1包(200g)**
- 雞胸絞肉……………………100g
- 蛋……………………2～3個
- A
  - 高湯……………………150ml
  - 味醂……………………½大匙
  - 醬油……………………2小匙
  - 砂糖……………………1小匙
  - 薑(磨泥)……………………½小匙
- 青蔥(切蔥花)……………………適量

作法

1. 將**A**倒入平底鍋中，開中火煮滾，煮滾後放入絞肉，輕輕撥散，再煮3分鐘。
2. 接著將洗淨的豆芽菜放入鍋中，煮1分鐘至軟。
3. 將蛋液以繞圈的方式倒入鍋中。蓋上蓋子，煮1分半鐘，煮到蛋半熟的程度。先關火，再依個人喜歡的口感決定蛋要燜多久。盛盤，撒上蔥花即完成。

主菜

沒想到只用豆芽菜和蟹味棒就好吃，還能省荷包！
豆芽菜炒蟹味棒

時間10分鐘　冷凍蔬菜OK

材料(2人份)

- 豆芽菜……………………**1包(200g)**
- 蟹味棒……………………4條
- 芝麻油……………………½大匙
- A
  - 水……………………⅓杯
  - 醬油、砂糖、醋……各1大匙
  - 太白粉……1小匙(加少量的水溶解)
  - 雞粉……………………½小匙
- 青蔥(切蔥花)……………………適量

作法

1. 芝麻油倒入平底鍋中，開中火加熱，依序加入豆芽菜、稍微撥散的蟹味棒，**快炒1～2分鐘**。盛盤備用。
2. 將**A**倒入平底鍋中，開中火邊拌邊煮，煮到出現稠稠的芡汁。淋在盤上、撒上蔥花即可。

配菜

豆芽菜搭配竹輪，在嘴裡的不同口感很有趣
豆芽菜竹輪味噌湯

時間10分鐘　冷凍蔬菜OK

材料(2人份)

- 豆芽菜……………………**½包(100g)**
- 竹輪……………………1根
- 高湯……………………350ml
- 味噌……………………1又½大匙

作法

1. 竹輪切成8毫米寬的圓片。
2. 高湯倒入鍋中，開中火煮滾，煮滾後加入豆芽菜、竹輪煮2分鐘。接著放入味噌拌勻即完成。

黃豆芽帶來彈牙口感

黃豆芽豆腐糰燉胡蘿蔔

時間15分鐘　冷藏2～3日　冷凍蔬菜OK

材料（2人份）

- 黃豆芽……1包（200g）
- 胡蘿蔔……1/3根
- 什錦豆腐糰……4個
- A 高湯……150ml
  - 醬油……1又1/2大匙
  - 味醂、料理酒……各1大匙
  - 砂糖……1/2大匙
  - 薑（磨泥）……1/2小匙

作法

1. 胡蘿蔔切成0.5公分厚的圓片。熱水燙一下什錦豆腐糰以去油。
2. 將A、胡蘿蔔、豆腐糰放入鍋中，開中火煮滾。煮滾後轉小火，**蓋上蓋子**，煮4分鐘。
3. 將黃豆芽放入鍋中，再煮5分鐘即可。

有飽足感的常備菜

豆芽菜雞肉排

時間20分鐘　冷凍2週　冷藏2～3日

材料（2人份；6個）

- 豆芽菜……**1/2包（100g）**
- 雞絞肉（雞腿）……200g
- A 麵包粉……2大匙
  - 料理酒……1小匙
  - 薑（磨泥）……1/2小匙
  - 鹽……1/4小匙
- B 醬油……1又1/2大匙
  - 味醂……1大匙
  - 砂糖……1小匙

作法

1. 豆芽菜切1～2公分段。
2. 將雞絞肉、豆芽菜、A拌勻，摔出黏性，分成6等分。手上抹少量的油（材料表以外），揉成6個肉排備用。
3. 將1小匙沙拉油（材料表以外）倒入平底鍋中，放入肉排，開中火煎6分鐘，邊煎邊上下翻面。**拿廚房紙巾吸去多餘的油**。加入B煮，煮到收汁。

小孩也喜歡的咖哩美乃滋口味

豆芽菜豬肉捲炒咖哩

時間20分鐘　冷藏2～3日

材料（2人份；6卷）

- 豆芽菜……**1/2包（100g）**
- 豬腿肉薄片……6片（200g）
- 鹽……少許
- 低筋麵粉……適量
- 橄欖油……1/2大匙
- A 美乃滋……1又1/2大匙
  - 料理酒……1大匙
  - 醬油……1/2小匙
  - 咖哩粉……1/2小匙

作法

1. 豬肉片攤平，將1/6分量的豆芽菜放在肉片靠近自己這一側，由內往外捲，**捲到最後用手壓一下固定**。以同樣方式做出另外5個卷。撒上鹽、低筋麵粉。
2. 將橄欖油倒入平底鍋中，開中火加熱，將**豬肉捲收口朝下放入鍋中**，蓋上蓋子，煎8～10分鐘。邊煎邊上下翻面。拿廚房紙巾吸去多餘的油。加入拌勻的A再次拌炒均勻即完成。

常備菜

最適合追加的一道菜

豆芽菜拌鱈魚子

時間10分鐘 | 冷藏2～3日 | 冷凍蔬菜OK

材料(2人份)

- 豆芽菜……1包(200g)
- 青紫蘇……5葉
- 鱈魚子……30g
- A
  - 美乃滋……2大匙
  - 醬油……1/3小匙
  - 鹽……少許

作法

1. 將豆芽菜洗淨，放入滾水中汆燙2分鐘，取出，**瀝乾水分**。
2. 青紫蘇切絲，泡一下水，再用廚房紙巾包起，壓乾水分。鱈魚子去除外層的膜。
3. 將豆芽菜、青紫蘇絲、鱈魚子和A一起拌勻即完成。

常備菜

超簡單的正宗韓式料理

韓式涼拌黃豆芽

時間7分鐘 | 冷藏2～3日 | 冷凍蔬菜OK

材料(2人份)

- 黃豆芽……1包(200g)
- A
  - 芝麻油……1又1/2大匙
  - 白芝麻……1小匙
  - 雞湯粉……2/3小匙
  - 蒜頭(磨泥)……1/2小匙
  - 鹽、胡椒……各少許
- 韓國海苔……適量

作法

1. 將黃豆芽洗淨，放入滾水中煮5分鐘，取出，放在濾網上。
2. 將黃豆芽和A一起拌勻。吃的時候再放上手撕韓國海苔。

POINT

如果沒有韓國海苔，用燒海苔也OK。

常備菜

加入蒜味芝麻醬，金鹹甲！

醋漬芝麻豆芽菜雞柳

時間15分鐘 | 冷藏3～4日 | 冷凍蔬菜OK

材料(2人份)

- 豆芽菜……1包(200g)
- 雞柳……1條
- A
  - 白芝麻醬……1又1/2大匙
  - 砂糖……1/2大匙
  - 醬油……1又1/3大匙
  - 蒜頭(磨泥)……1/2小匙
  - 醋……1大匙
  - 芝麻油……1小匙
  - 辣油……1/3小匙

作法

1. 將豆芽菜洗淨，放入滾水中汆燙2分鐘，取出放在濾網上，放涼。
2. 將雞柳放在耐熱容器中，倒入1大匙料理酒、適量的鹽、胡椒（材料表以外），蓋上保鮮膜，微波加熱2分半鐘。邊微波邊上下翻面。取出放涼後，把雞柳撥散。
3. 將A的食材由上而下依序拌勻，再和豆芽菜、雞柳一起拌勻。稍微倒掉一點湯汁後，再放進冰箱保存。

食材別索引

※以蔬菜作為該料理之主要食材者，將省略其料理名稱，僅列出頁面範圍。

肉類

豬肉

牛絞肉或豬絞肉

牛肉

雞肉

肉類加工品

維也納香腸

生火腿・火腿

培根

叉燒（市售）

粗鹽醃牛肉

沙拉雞肉

海鮮

蜆

花枝

蝦子

鰹魚

鮭魚

台灣廣廈 國際出版集團
Taiwan Mansion International Group

國家圖書館出版品預行編目（CIP）資料

上桌秒殺！活用蔬菜速簡料理：專家教你從挑菜、備料到烹煮，
把20種常見蔬菜變身304款澎湃主菜、省時配菜、便利常備菜！
/ 阪下千惠著. -- 初版. -- 新北市：台灣廣廈,2022.04
面； 公分.
ISBN 978-986-130-540-0
1.CST: 蔬菜食譜

427.3　　111003106

上桌秒殺！活用蔬菜速簡料理

專家教你從挑菜、備料到烹煮，把20種常見蔬菜變身304款澎湃主菜、省時配菜、便利常備菜！

作　　者／阪下千惠
翻　　譯／王淳蕙
編輯中心編輯長／張秀環
封面設計／曾詩涵・**內頁排版**／菩薩蠻數位文化有限公司
製版・印刷・裝訂／皇甫・皇甫・秉成

行企研發中心總監／陳冠蒨
媒體公關組／陳柔彣
綜合業務組／何欣穎
線上學習中心總監／陳冠蒨
數位營運組／顏佑婷
企製開發組／江季珊、張哲剛

發 行 人／江媛珍
法律顧問／第一國際法律事務所 余淑杏律師・北辰著作權事務所 蕭雄淋律師
出　　版／台灣廣廈
發　　行／台灣廣廈有聲圖書有限公司
地址：新北市235中和區中山路二段359巷7號2樓
電話：（886）2-2225-5777・傳真：（886）2-2225-8052

代理印務・全球總經銷／知遠文化事業有限公司
地址：新北市222深坑區北深路三段155巷25號5樓
電話：（886）2-2664-8800・傳真：（886）2-2664-8801
郵政劃撥／劃撥帳號：18836722
劃撥戶名：知遠文化事業有限公司（※單次購書金額未達1000元，請另付70元郵資。）

■ 出版日期：2022年04月
ISBN：978-986-130-540-0
■ 初版3刷：2024年03月